Alle Anfragen und Mitteilungen sind zu richten an die Anschrift: Sonnblick-Verein, Wien XIX, Hohe Warte 38.

Schrifttum des Sonnblick-Vereines

Dem Vereinsarchiv steht noch eine Anzahl von bisher erschienenen Jahresberichten zur Verfügung, die an Mitglieder und Interessenten abgegeben werden können. Preis auf Anfrage. Bekanntlich erschienen diese Jahresberichte seit der Gründung des Sonnblick-Vereines im Jahre 1892 jährlich und erlitten von 1939—1949 eine zeitbedingte Unterbrechung.

SPRINGER-VERLAG IN WIEN

Die Meteorologie des Sonnblicks
I. Teil

Beiträge zur Hochgebirgsmeteorologie

nach Ergebnissen einer 50jährigen Beobachtungsreihe am Sonnblickobservatorium, 3106 m

Von Prof. Dr. **F. Steinhauser**, Wien

Herausgegeben vom Sonnblick-Verein

Mit 25 Abbildungen und 117 Tabellen im Text, 25 Tabellen im Anhang. 180 Seiten. 4°. 1938
Steif geheftet S 60.—, DM 10.—, sfr. 10.—, $ 2.40

Der Band wird an Mitglieder des Vereines bei direktem Bezug zu einem Vorzugspreis abgegeben

Seit dem Bestand hat das Observatorium auf dem Sonnblick in bisher sonst nirgends erreichter Art eine Geschichte des meteorologischen Geschehens in der die 3000-m-Grenze überragenden Gipfelregion eines Hochgebirges geliefert. Diese ist in einer ungeheuren Zahlenmenge niedergelegt und enthält in seiner Bearbeitung das Wesentliche und Gesetzmäßige in übersichtlicher Form.

Aus dem Inhalt sei besonders auf die in ihrer Art erstmalige Darstellung der Feinstruktur des Klimas der Gipfelregion des Hochgebirges der Alpen hingewiesen, wie sie sich in den Jahresabläufen der verschiedenen meteorologischen Elemente einerseits und in den Häufigkeitsverteilungen der Einzelwerte anderseits zeigt. Ferner werden neben den Jahresgängen, Tagesgängen und der Veränderlichkeit der einzelnen meteorologischen Elemente auch ihre säkulären Änderungen, ihre Abweichungen von den Verhältnissen der freien Atmosphäre wie auch ihre gegenseitige Beeinflussung behandelt. So hat dieses Buch über eine meteorologischen Monographie hinaus auch allgemein Bedeutung. Im Anhang sind in 25 Tabellen Monatswerte der einzelnen Jahre abgedruckt. Ein dem Buch beigegebenes Panorama gibt eine Vorstellung von der überragenden Lage des Observatoriums und zugleich auch einen schönen Überblick über das Gipfelmeer der Ostalpen.

Zu beziehen durch Ihre Buchhandlung

Großes Goldbergkees (oben) und Wurtenkees (unten) am 4. September 1959.

54.–57. Jahresbericht

des

Sonnblick-Vereines

für die Jahre 1956–1959

Geleitet von Prof. Dr. F. Steinhauser
und Doz. Dr. N. Untersteiner

INHALT

Die Totalisatorennetze Österreichs, von Friedrich Lauscher. — Das Verhalten der Gletscher des Sonnblick- und Glocknergebietes von 1957 bis 1959, von Hanns Tollner. — Das Sonnenobservatorium Kanzelhöhe der Universität Graz, von Hermann Haupt. — Klimatologie im Dienste der Karstforschung, von Fridtjof Bauer. — Meteorologische Gesichtspunkte zur Frage der Durchlüftung des geplanten Straßentunnels im Felbertauerngebiet, von Hanns Tollner. — Ein neues Funktelephon für das Sonnblickobservatorium, von Walter Grossmann. — Der Strahlungsmeßturm auf dem Sonnblick, von Luitpold Binder und Inge Dirmhirn. — Blitzschutzanlage des Sonnblickobservatoriums und der Materialseilbahn, Österreichische Brown Boveri AG. — Ein Metallsteg über den Abfluß des Großen Goldberggletschers, von Hanns Tollner. — Totalisatorenbeobachtungen im Sonnblickgebiet im Zeitraum 1927 bis 1959, von Maria Roller. — Heinrich Ficker †, Walther Schwarzacher †, Franz Sauberer †, Nachrufe von Othmar Eckel. — Georg Ammerer †, Nachruf von Luitpold Binder. — Bericht über die Tätigkeit des Sonnblick-Vereines in den Jahren 1957 bis 1960. — Vereinsnachrichten. — Ergebnisse der meteorologischen Beobachtungen auf dem Sonnblickgipfel in den Jahren 1957 bis 1960.

Mit einer ganzseitigen Bildtafel und 26 Abbildungen im Text

Springer-Verlag Wien GmbH
1961

ISBN 978-3-211-80582-4   ISBN 978-3-7091-2275-4 (eBook)
DOI 10.1007/978-3-7091-2275-4

Die Totalisatorennetze Österreichs

Von Friedrich Lauscher, Wien

Mit 4 Textabbildungen

Das Sonnblick-Observatorium und der Sonnblick-Verein waren an der Erforschung der wahren Niederschlagsmengen des Hochgebirges in hervorragendem Maße beteiligt. Es ist daher angebracht, an dieser Stelle die Geschichte, die Ergebnisse, aber auch die noch offenen Probleme der Niederschlagsmessungen in exponierten Lagen zusammenzufassen. Die vorliegende Arbeit soll hiezu Beiträge liefern: In Abschnitt A werden die Bemühungen geschildert, auf dem Sonnblick-Observatorium mit gewöhnlichen Ombrometern zu einem wenigstens angenähert quantitativen Index der täglichen Niederschlagsmengen zu gelangen. Die Abschnitte B und C geben einen Überblick über die durch den Sonnblick-Verein im Sonnblick-Gebiet und anderwärts errichteten Totalisatoren zur richtigen Erfassung der wahren Monatsniederschläge. Im Abschnitt D wird dieser Überblick erweitert durch eine Beschreibung der Totalisatorennetze anderer Institutionen. Abschnitt E enthält eine Bearbeitung der Jahresniederschlagsmengen aller Totalisatorenstationen Österreichs auf Grund des Materials aus 1951 bis 1958. Zum Abschlusse folgen in Abschnitt E einige Proben der Nutzung der Ergebnisse für die meteorologische Wissenschaft und für die wasserwirtschaftliche Praxis.

A. Kurze Geschichte der täglichen Niederschlagsmessungen auf dem Hohen Sonnblick

Am 2. September 1886 wurde das Sonnblick-Observatorium eröffnet. Die meteorologischen Beobachtungen wurden ab Oktober 1886 bearbeitet. Niederschlagsmessungen wurden aber zunächst nicht durchgeführt, da sie die Gründer auf dem sturmreichen Gipfel für sinnlos hielten. Erst im August 1890 wurde ein gewöhnlicher Gebirgsniederschlagsmesser in Betrieb genommen. Dies geschah nicht in der Meinung, durch ihn die richtigen Mengen zu erfahren, sondern bloß, um einen Index für die Niederschlagstätigkeit zu erhalten. Immerhin fand J. v. Hann die Jahresmenge von 210 cm bei den ersten Bearbeitungen [1, 2] „erstaunlich hoch". Ein Vierteljahrhundert später revidierte er jedoch seine Meinung in dem Satz: „Die Zunahme gegen den Sonnblick-Gipfel ist nicht so erheblich, wie ich erwartet hätte" [6]. Erstaunlicherweise sind die Jahressummen bei fast jeder späteren Bearbeitung immer kleiner gefunden worden, obwohl die Talstationen keine Anzeichen für einen derartigen säkularen Gang liefern.

Nach [8] war der Niederschlagsmesser auf der kleinen Plattform nordwestlich des Zittelhauses mit einem Schneekreuz versehen. Es läßt sich aber nicht mehr feststellen, wie lange dies der Fall war; zur Zeit ist jedenfalls kein Schneekreuz in Verwendung.

Am 1. Juli 1930 wurde 15 m südlich des Zittelhauses ein zweiter Niederschlagsmesser in Betrieb genommen. Er wurde „Südkübel" genannt, der Standardkübel aber „Nordkübel". Der Südkübel wurde vom Juli 1930 bis inklusive Februar 1938 bedient, dann wieder vom Juni 1947 bis inklusive August 1956, mit gewissen, durch den Seilbahnbau bedingten Unterbrechungen (es fehlen IX, X 1952, VII—X 1953, VIII, IX 1954, VII—X 1955). Nach Vollendung des Seilbahnbaues konnte ab Februar 1958 am gleichen Platze wieder ein Südkübel, allerdings mit etwas veränderten Aufstellungsbedingungen, in Betrieb genommen werden. Es wird „Südkübel II" genannt.

Bearbeitungen der Südkübel-Messungen findet man in [8] und [11]. F. Steinhauser [8] hat gezeigt, daß bei Winden aus W über N bis ENE der Südkübel um 52% mehr Niederschlag auffängt als der Nordkübel, während bei den selteneren Niederschlags-

Tabelle 1. Durchschnittliche Jahressummen des mit dem Ombrometer auf dem Sonnblick, 3106 m, gemessenen Niederschlags in cm.

Bearbeitung	Periode	Niederschlag
[1], [2]	VIII 1890 – V 1893	210
[3]	1891–1895	184
[4]	X 1886 – XII 1906	180
[5]	1887–1911	172
[6]	1891–1917	169
	1906–1915	163
[7]	1901–1925	170
[8]	1891–1932	161
[9]	1890–1936	158
[10]	1901–1950	142

winden aus E über S bis WSW der Südkübel nur 77% der Menge des Nordkübels erhält. Die Niederschlagsteilchen werden vielfach über das Haus getrieben und fallen erst im Lee zu Boden.

Aus elf Jahren liegen nun vollständige Vergleichsreihen vor, welche folgende Übersicht gestatten.

Tabelle 2. Jahressummen des Niederschlags auf dem Sonnblick, gemessen mit dem „Nordkübel" (N) und dem „Südkübel" (S). Angaben in cm. T = Totalisator in 3076 m Höhe.

Jahr	N	S	(S:N) %	(N+S):2	T
1931	159	195	123	177	237
1932	118	175	149	147	203
1933	172	222	129	197	285
1934	150	187	125	168	252
1935	180	235	131	207	217
1936	148	163	110	156	245
1937	161	171	106	166	260
1948	116	199	172	158	264
1949	102	128	126	115	257
1950	104	126	121	115	243
1951	142	148	104	145	254
Mittel	142	177	120	160	248

Durchschnittlich fing der Südkübel um 20% mehr auf als der Nordkübel. Den größten Überschuß ergab das Jahr 1948 mit 72%, den kleinsten 1951 mit nur 4%.

Bis zum Jahrbuch 1947 der Zentralanstalt für Meteorologie und Geodynamik in Wien wurden immer nur die Nordkübel-Niederschlagsmengen publiziert. Im Jahrbuch 1948 ist die Jahressumme des Südkübels in einer Fußnote auf S. B 3 genannt. Ab Jahrbuch 1949 wurde darnach getrachtet, sowohl im A-Teil (Extenso-Publikation des Sonnblick) als auch im B-Teil (Monats- und Jahresübersicht des Sonnblick) stets die Mittelwerte aus Nord- und Südkübel mitzuteilen. Nicht immer ist in den Jahrbüchern darauf verwiesen. Ausnahmen wurden aber nur gemacht, wenn keine Südkübel-Messungen vorlagen (siehe die obigen Angaben über fehlende Monate). Die Jahreswerte des Mittels aus Nord- und Südkübel sind in Tab. 2 genannt. Die Durchschnittssumme von 160 cm wird noch immer weit unter dem wahren Niederschlagswert liegen. Gab doch der

Totalisator in der Nähe des Sonnblick-Gipfels im Mittel der verwendeten elf Jahre vollständiger Messungen mit dem Südkübel I einen durchschnittlichen Jahresbetrag von 248 cm, also um 55% mehr als $(N + S) : 2$. Doch werden die nach dieser Formel gebildeten Tages- und Monatssummen sicherlich ein besserer Index für die Niederschlagstätigkeit sein als die Werte des zu diesem Zwecke im Jahre 1890 aufgestellten Nordkübels.

Seit Februar 1958 erfüllt der Südkübel II die Funktion seines Vorgängers. Die 23 Monate Februar 1958 bis Dezember 1959 ergaben folgende Summen: Nordkübel 275 cm, Südkübel II 353 cm, $(N + S) : 2 = 314$ cm. Der Quotient $(S : N)$ übertraf mit 1,28 relativ wenig den elfjährigen Durchschnitt 1,20 in Tab. 2. Im Gipfeltotalisator wurde vom Februar 1958 bis Dezember 1959 eine Summe von 518 cm gesammelt, also um 47% mehr, als $(N + S) : 2$ ausmachte. Bei dieser Gelegenheit sei eingeflochten, daß in den 16 Monaten September 1958 bis Dezember 1959 ein Totalisator Sonnblick mit hangparalleler Auffangfläche 442 cm und damit um 17% mehr Niederschlag auffing als der Totalisator mit horizontaler Auffangfläche.

Auf der Suche nach einem Niederschlagsindex, der die einzelnen Tagesmengen möglichst richtig wiedergibt, könnte man noch den Versuch machen, von den beiden Mengen des Nordkübels und Südkübels jeweils nur die höhere Menge zu verwenden. Diesem Verfahren läge die Annahme zugrunde, daß die Fehler der Ombrometermessung immer nur in einem Defizit der in den Kübel aufgefangenen (oder verbleibenden) Mengen bestünden. Summierte man probeweise für den Zeitraum Februar 1958 bis Dezember 1959 jeweils die größere Tagesmenge, so erhielte man immerhin 401 cm gegen 314 cm bei der Mittelbildung $(N + S) : 2$. Man hätte sich dann der Summe des Totalisators mit horizontaler Auffangfläche immerhin schon weiter genähert. Das Defizit betrüge nur mehr 23%. Doch ist die Berechtigung des Verfahrens fraglich.

Eine Entscheidung bezüglich des richtigen Index der täglichen Niederschläge könnte vielleicht durch eine Serie genauer, tagweiser Beobachtungen des Wasserwertes der abgelagerten Schneedecke im weiteren Umkreis des Observatoriums gefunden werden. Ein einziger Schneepegel genügt dabei nicht, da ja sowohl der Anfall als auch die windbedingte Umlagerung in Betracht zu ziehen ist. Darauf haben in den beiden letzten Jahresberichten des Sonnblick-Vereines H. Tollner, 1954 [12], und H. Hoinkes, 1957 [13], hingewiesen. In [14] wurde von uns die Vermutung ausgesprochen, daß der Standardschneepegel des Sonnblick-Observatoriums etwas zu hohe Schneehöhen anzeigt. Erfahrungsgemäß stellt man die Standardschneepegel dort auf, wo „vermutlich" die Schneelage dem „Durchschnitt der Stationsumgebung" entspricht, aber man müßte nachprüfen, wie weit man mit dieser Meinung Recht hatte.

Das Problem der Tagesmengen des Niederschlags auf dem Sonnblick-Gipfel steht also auch nach einer fast siebzigjährigen Geschichte der Niederschlagsmessungen des Observatorium in manchem noch zur Diskussion.

B. Totalisatoren im Sonnblick-Gebiet

Im Jahre 1925 veröffentlichte R. Billwiller [15] auf Ersuchen des Sonnblick-Vereines einen ausführlichen Bericht über die Methodik der Niederschlagsmessung im Hochgebirge mit Hilfe der von Forstinspektor Mougin in Savoyen erfundenen Totalisatoren. Damals hatte die Schweiz in dieser Hinsicht vor Österreich bereits einen Vorsprung von mehr als zehn Jahren, wurden doch schon seit 1914 jährliche Totalisatorenwerte in den Annalen der Schweizerischen Meteorologischen Zentralanstalt in Zürich veröffentlicht. Billwillers Ausführungen sind heute noch lesenswert. Nicht alle seine

Anregungen wurden inzwischen verwirklicht, aber er hat doch eine neue Ära der Erkenntnis der wahren Niederschlagsmengen in den Hochregionen der Ostalpen eröffnet.

Im Sonnblick-Gebiet wurden mit Januar 1927 drei Totalisatoren in Betrieb genommen, und erfreulicherweise von Anfang an allmonatlich und nicht nur jährlich abgelesen. Es waren dies die Totalisatoren „Maschine", 2120 m, unter der Rojacherhütte, 2570 m, und „Brett", 2860 m (Vgl. [12]). Wenn A. E. Forster, 1930 [7], von den Totalisatoren noch keine hohe Meinung hatte („auch ein Totalisator wird auf einem Berggipfel nicht mehr Niederschlag geben als ein täglich entleerter Regenmesser"), so beruhte diese Ansicht auf einem Irrtum: Forster glaubte, auch auf dem Sonnblick-Gipfel sei schon 1927 ein Totalisator in Betrieb genommen worden und hielt die Nordkübel-Menge für einen Totalisatorenwert. Daher war er der letzte, der die Ansicht von einer „Maximalzone des Niederschlags zwischen 2400 und 2500 m Höhe" vertrat. Bei F. Machacek [3] hatte diese Meinung nicht bestanden. Er rechnete mit einer linearen Zunahme des Niederschlags bis zur Gipfelhöhe. Erst P. Deutsch [16] hatte die erwähnte Ansicht geäußert. Für die Westalpen nahm Brockman-Jerosch [17] schon im Jahre 1925 an, daß die Niederschläge erst bei etwa 3500 m wieder abnehmen. Für die Ostalpen hat F. Steinhauser [8] auf Grund der Totalisatorenwerte des Sonnblick-Gebietes von 1927 bis 1932 die Zunahme der Niederschläge mit der Höhe bis über 3000 m hinaus nachgewiesen. Hätte man allerdings in seine Abb. 6 Forsters Punkte für Mooserboden und Rudolfshütte eingezeichnet, so wäre die Auffassung einer Maximalzone bei 2500 m immerhin noch vertretbar gewesen. Man darf aber bei solchen Studien nur Daten aus kohärenten Klimagebieten verwenden. Westlich der Bergriesen des Kapruner Tales gibt es eben mehr Niederschlag als im Gebiet des Rauriser Sonnblick.

Weitere Bearbeitungen der Sonnblick-Vereins-Totalisatoren findet man in [9, 10, 11, 12, 14, 18].

Seit 1955 werden die monatlichen und jährlichen Werte im C-Teil der Jahrbücher der Zentralanstalt für Meteorologie und Geodynamik abgedruckt, seit 1957 auch in den Hydrographischen Jahrbüchern aus Österreich. Im vorliegenden Jahresbericht findet man eine Zusammenstellung sämtlicher Daten seit 1927, bearbeitet von Maria Roller.

C. Weitere durch den Sonnblick-Verein gegründete Totalisatorennetze

1. Glockner-Gebiet

Im Zeitraum 1932 bis 1939 kamen folgende Totalisatoren zur Aufstellung: Adlersruhe, 3450 m (höchste Niederschlagsmeßstelle Österreichs), Riffltor, 3100 m, Oberwalderhütte, 2980 m, Wasserfallwinkel, 2630 m, Lucknerhütte, 2240 m, und Glocknerhaus, 2040 m. Zwei weitere Geräte, bei der Hofmannshütte und unterhalb der Gamsgrube, waren bald Lawinen zum Opfer gefallen. Eine Beschreibung und vorläufige Bearbeitung dieses Netzes verdanken wir H. Tollner [19].

Nach dem zweiten Weltkrieg kam das Netz unter Mithilfe der Tauernkraftwerke A. G. allmählich wieder in Betrieb. Die Daten seit 1951 sind in den Jahrbüchern des Hydrographischen Zentralbüros abgedruckt. Neu hinzu kam ein Totalisator auf dem Hochtor, 2450 m.

2. Hochkönig

Vom August 1934 bis Juli 1939 waren auf dem 5,5 km² großen, ziemlich flachen Gletscher („Übergossene Alm"), und zwar in der Mitte und in westlichen Viertel, zwei

Totalisatoren in 2770 m Seehöhe in Betrieb. Eine vorläufige Bearbeitung des Materials bis inklusive September 1937 gab H. Tollner [20].

3. Villacher Alpe

Am 12. Juli 1937 wurden drei Totalisatoren in Betrieb genommen: Villacher Alpe, 2157 m, Knappenhütte, 1700 m, und Kaserin, 1406 m. Leider hatten die Geräte unter Bosheitsakten zu leiden. Der Apparat bei der Kaserin wurde im Oktober 1936 endgültig zerstört. Das Gerät beim Ludwig-Walter-Haus in Gipfelnähe stand bis Juli 1939 in Betrieb, der Totalisator bei der Knappenhütte bis Juni 1940. Das Ende dieses Netzes in der Zeit des Reichswetterdienstes war unklar. Noch im September 1943 wurden die drei Apparate im Gelände gesehen. Die Beobachtungsdaten sind auf den Klimatabellen der Villacher Alpe vermerkt. In vorläufiger Weise wurden sie im Rahmen der Klimabeschreibung der Gail für den Österreichischen Wasserkraftkataster verwendet [21].

D. Totalisatorennetze anderer Institutionen

In den Jahresberichten des Sonnblick-Vereines finden sich noch zwei überaus wertvolle Berichte über Totalisatorennetze: A. Gaspari [22] gab 1935 eine Beschreibung des ab 14. Juni 1925 aufgebauten dichten Niederschlagsmeßnetzes der Tiroler Wasserkraftwerke A. G. („Tiwag") im Gebiete des Achensees. Im Jahre 1954 bearbeitete H. Hoinkes [23] die Ergebnisse 27jähriger Totalisatorenmessungen aus den zentralen Ötztaler Alpen. Dieses Netz war in den Jahren 1926 bis 1937 in Zusammenarbeit zwischen dem Deutschen und Österreichischen Alpenverein und dem Institut für Meteorologie und Geophysik der Universität Innsbruck unter Prof. A. Wagner und Doz. E. Ekhart allmählich aufgebaut worden.

Eine Verarbeitung der Messungen im Achensee-Gebiet [24] ergab eine praktisch lineare Zunahme der Niederschlagsmengen mit der Seehöhe, im Gegensatz zu ausgesprochenen Luv- und Lee-Gebieten. Im Luv erfolgt die Zunahme unten sehr rasch, oben langsamer, im Lee aber unten ganz langsam und erst in der obersten Region sehr rasch. In [25] wurde darauf hingewiesen, daß die Totalisatoren des Ötztales im relativ trockensten Teil dieser Gebirgsgruppe stehen dürften, so daß den auffallend niedrigen Werten der dortigen Totalisatoren nicht eine zu weiträumige Gültigkeit zugeschrieben werden darf.

Die Tiwag hat auch in den Zillertaler Alpen Totalisatoren aufgestellt, welche 1954 in die Verwaltung der Tauernkraftwerke (TKW) übergingen. Auch ein ständig wachsendes Beobachtungsnetz im Oberinntal kam in Betrieb. Eine Bearbeitung steht noch aus, aber schon für die Zeichnung der Niederschlagskarten der Hochwasserwetterlagen im Juli 1954 waren die Totalisatorenwerte des Oberen Inn, des Achensee-Gebietes und des Sonnblick-Gebietes grundlegend für die Kenntnis der Zunahme der Niederschläge mit der Höhe. Die Ombrometer der Bergstationen gaben nur im Alpenvorland eine starke Zunahme mit der Höhe, im Alpenraum aber durchweg etwas geringere Werte als im Tal, während die Totalisatoren dieses falsche Bild korrigieren halfen [26].

Wir erwähnten bereits die Verdienste der Tauernkraftwerke A. G. (TKW) um die Totalisatoren des Glockner-Gebietes und der Zillertaler Alpen. Auch in ihrem zentralen Arbeitsbereich des Mooserboden-Gebietes (Kapruner Tal) unterhält die Betriebsleitung der TKW ein Totalisatorennetz seit 1948. Auch methodisch sehr wertvolle Untersuchungen über die Leistungsfähigkeit der Totalisatoren im Hochgebirge wurden angestellt [19, 27], vgl. auch [13]. Die Mindereinnahmen der Totalisatoren im Vergleich zum Wasserwert der abgelagerten Schneedecke betrugen zwischen 2 und 57%, im Mittel etwa 15%. Wegen der Schneeumlagerungen müßte man aber Durchschnittswerte des Wasserwerts der Schneedecke in einem weiteren Gebiet zum Vergleich heranziehen.

Westlich des Kapruner Tales liegt das Stubachtal. Dort betreibt die Österreichische Bundesbahn ein Netz von vier Totalisatoren: Weißsee, 2210 m, Tauernmoos, 2000 m, Enzingerboden, 1480 m, und Schneiderau, 900 m. Leider stand das Material nie vollständig zur Verfügung. Vorläufige Durchschnittswerte kennen wir aber [14]: Weißsee 226 cm, Tauernmoos 241 cm, Enzingerboden 178 cm und Schneiderau 123 cm.

Wenn wir bei der Besprechung der weiteren Totalisatorennetze vorerst noch im zentralen Arbeitsbereich des Sonnblick-Vereines, den Hohen Tauern und ihrer Umgebung, bleiben wollen, so haben wir zunächst das Totalisatorennetz der Österreichischen Draukraftwerke (DKW) im Reißeck-, Kreuzeck und Hochalm-Gebiet zu erwähnen. Dieses Netz von zwölf Totalisatoren wurde ab August 1953 aufgebaut. Das höchstgelegene Gerät stand auf dem Tripp-Kees (Hochalm) in 2980 m Höhe. Infolge häufiger Störungen durch Sturm wurde das Gerät im Oktober 1955 auf eine Seehöhe von 2650 m tiefer verlegt, jedoch schon im März 1956 durch eine Lawine zerstört. Auch das zweithöchste Gerät auf der Preimelscharte in 2920 m Höhe wurde im September 1956 vom Sturm umgeworfen, konnte aber weiterhin nach Neuaufstellung in Betrieb gehalten werden. Die ersten vier Beobachtungsjahre (August 1953 bis August 1957) wurden in der klimatologischen Gebietsbeschreibung Lieser-Malta des Österreichischen Wasserkraftkatasters [28] ausführlich publiziert und verarbeitet. Alle Daten wurden auf volle Kalendermonate umgerechnet, wobei die Tagesmessungen auf der Reißeckhütte als Interpolationshilfsmittel dienten. Seit März 1955 wird diese durch die etwas schwankenden Ablesedaten der einzelnen Totalisatoren notwendige Korrektur bereits von den Draukraftwerken vorgenommen, was allgemeine Nachahmung finden sollte. Die publizierten Monatssummen sollten mit den Monatsmengen des Niederschlages der gewöhnlichen Stationen ohneweiters vergleichbar sein.

Wenden wir nun den Blickpunkt unserer Betrachtungen weiter weg vom zentralen Hochgebirge Österreichs, so müssen wir vor allem das westlichste Land Österreichs, Vorarlberg, in Betracht ziehen. In diesem hydrographisch sehr aktiven Bundeslande haben sich insbesondere die Vorarlberger Illkraftwerke (in den Flußgebieten Ill, Alvier, später auch Trisanna, Tirol) und die Vorarlberger Kraftwerke A. G. (in den Flußgebieten Dornbirner Ache, Frutz, Bregenzer Ache und Subersach) durch Aufstellung von Totalisatorennetzen verdient gemacht [29, 30, 31]. Die Totalisatoren Tilisunasee, 2200 m, und Lünersee, 1940 m, wurden sogar schon 1926 aufgestellt. Im nächsten Jahr 1927 kam der Apparat beim Madlenerhaus, 2030 m, dazu, und später folgten viele weitere, mehr als in irgendeinem anderen Flußgebiet Österreichs. Leider wurden aber die Ablesungen zumeist nur einmal im Jahre vorgenommen, was vielerlei Fehlermöglichkeiten ergibt, Störungen durch Naturereignisse, durch Menschen, durch Eiskuchenbildung bei zu geringer Chlorkalzium-Konzentration usw.

Das Studienkonsortium Bregenzer Ach begann seine Niederschlagstudien im Jahre 1941. Zusätzlich zum Netz des Wasserbauamtes für Vorarlberg wurden drei Ombrometer mit täglichen Ablesungen und zwölf Totalisatoren in Betrieb genommen, davon drei mit dreimonatlicher Ablesung, drei mit halbjährlicher Ablesung und sechs mit jährlicher Ablesung. Im Abschnitt F werden wir zeigen, daß die in den Totalisatoren gesammelten Mengen um so geringer sind, je seltener die Geräte bedient werden. Schon im Interesse der Vergleichbarkeit der Resultate von Gebiet zu Gebiet sollte man daher eine Einheitlichkeit in den Bedienungsvorschriften anstreben. Natürlich wachsen die Betriebskosten mit der Zahl der Ablesungen bedeutend. Oft ist es auch gar nicht möglich, die Standorte der Totalisatoren zu erreichen. Aber es ist doch nützlich, sie möglichst oft aufzusuchen, auch um die Ablagerung des Schnees in der Umgebung etc. zu studieren.

Vom äußersten Westen Österreichs wendet sich unser Blick nun zum Ostrand der Alpen: Im Bereich des bis 2000 m aufragenden Rax-Plateaus betrieben die Wasserwerke der Gemeinde Wien in den Jahren 1928 bis 1933 ein Netz von 13 Totalisatoren, acht Regenschreibern und neun Ombrometern. Diese Sonderuntersuchung war sehr intensiv: Auf einer Fläche von 110 km² gab es insgesamt 30 Meßstellen. Das Material wurde von E. Amthor [32] verarbeitet. Es diente dem Studium der Quellentätigkeit der ersten Wiener Hochquellenwasserleitung und war auch für die klimatologische Gebietsbeschreibung des Bandes Leitha-Fischa-Schwechat des Österreichischen Wasserkraftkatasters [33] von hohem Nutzen. Leider wurde das Originalmaterial nie publiziert, und wurden die Reihen nicht fortgesetzt.

Ein weiteres Sondernetz von Niederschlagsmessern mit elf Totalisatoren und rund 20 sonstigen Ombrometern bestand in den Jahren 1928 bis 1937, 1944 und 1948 im südwestlichen Niederösterreich im Gebiet der Biologischen Station Lunz am See [34]. Der Bearbeiter, F. Sauberer, wies nach, daß man bei Ableitung der Seehöhenabhängigkeit der Niederschläge die kleinklimatische Lage der Meßstellen und die Windexposition der Totalisatoren stark in Rechnung ziehen müsse. Die größten Mengen fielen in den Totalisator beim Obersee in einem nur gegen Norden offenen Kessel: In rund 1000 m Seehöhe betrug die durchschnittliche Jahresmenge 2800 mm. Ansonsten gab es in dieser Höhe und in der Hochregion Mengen um 2000 mm pro Jahr. Die Ansicht, daß aus den Messungen eine Zone maximaler Niederschläge in Höhen zwischen 1000 und 1300 mm zu folgern sei, kann man schwer teilen. In den unteren Lagen sind die Niederschlagsmesser keinen Stürmen ausgesetzt und erfassen daher die richtigen Mengen, was in der Hochregion keineswegs der Fall ist. Die Gipfel lösen bedeutendere Niederschläge aus als Täler und Hänge, der Niederschlag setzt auf den Höhen früher ein und dauert auch länger als unten.

Seit 1953 gibt es Totalisatoren der Kelag (Kärntner Elektrizitätswirtschaft A. G.) in den Flußgebieten des Weißenbaches und der Gail in Südwestkärnten, dem zur Adria nächsten Gebiete Österreichs, wo statt des Juli der Oktober der Monat der größten Niederschlagsmengen ist. Erfreulicherweise sind die Daten seit Beginn des Netzes in den Jahrbüchern des Hydrographischen Dienstes alljährlich publiziert worden [35]. Seit 1951 besteht diese Möglichkeit, die Ergebnisse der verschiedenen Totalisatorennetze laufend vielseitig zu verwenden, während das ältere Material noch immer einer zusammenfassenden Publikation harrt. Wir sind gewiß, daß noch weitere, uns unbekannte Totalisatoren im Laufe der Jahre seit 1926 an verschiedenen Stellen in Österreich in Betrieb waren. Es ist zu hoffen, daß wenigstens gegenwärtig und in Zukunft die Daten nicht nur lokalen Interessen dienen, sondern allgemeineren Zwecken nutzbar gemacht werden können. Nur durch öffentliche Publikation kann die nötige Kritik am Material gewahrt werden, welche die Gefahr von Trugschlüssen vermindert, und den Fortschritt in den Erkenntnissen der wahren Niederschlagsmengen des Hochgebirges sichert.

E. Vorläufige Bearbeitung der Totalisatorenmessungen in Österreich im Zeitraum 1951 bis 1958.

In den Jahrbüchern des Hydrographischen Dienstes [35] und den Jahrbüchern der Zentralanstalt für Meteorologie und Geodynamik sind aus dem Zeitraum 1951 bis 1958 die Ergebnisse von insgesamt 103 Totalisatoren publiziert. Aber nur von 20 gibt es lückenloses Material aus diesen acht Jahren. Zum Teil wurden die Geräte erst im Laufe der Zeit in Betrieb genommen, zum Teil gab es Ausfälle, welche aber gerade durch einen Vergleich mit den Ergebnissen an anderen Stellen gutteils wieder ausgemerzt werden können. Mit den üblichen klimatologischen Rechenverfahren haben wir versucht, vergleichbare Jahresniederschlagsmengen aller Stationen abzuleiten (vgl. Tab. 3).

(Die Meßstellen sind hydrographisch geordnet; die Beobachtungsjahre sind abgekürzt dargestellt: 1951 = 1, ... 1958 = 8; auf Beobachtungslücken ist nicht hingewiesen, sie können den hydrographischen Jahrbüchern entnommen werden (vgl. [35]).

Tabelle 3. Durchschnittliche Jahressummen des Niederschlages in mm Wasserwert, berechnet auf Grund der Totalisatorenmessungen in Österreich im Zeitraum 1951 bis 1958

Meßstelle	Einzugsgebiet	Seehöhe (m)	Beobachtungsjahre (1950 + .)	Niederschlag (mm)
Östlicher Vermuntferner	Ill	2700	1—7	1112
Klostertaler Ferner	,,	2750	1—7	1346
Madlenerhaus	,,	2030	1—8	1290
Madlenerhaus neu	,,	1980	1—8	1177
Litzner Ferner	,,	2675	1—8	1990
Verbella	,,	2350	1—8	1448
Valzifenz	,,	2300	1—8	1439
Gargellenkopf	,,	2210	1—8	1771
Tilisunasee	,,	2200	1—8	1420
Silbertaler Winterjöchl	,,	1946	2—8	1456
Lünerseealpe	Alvier	2015	7—8	1342
Lünersee	,,	1910	1—8	1570
Brandner Ferner	,,	2700	1—8	1686
Saluver Alpe	Frutz	1610	7—8	2513
Rohralpe	Dornbirner Ache	1200	1, 3—7	2130
Auenfeld	Bregenzer Ache	1750	1—4	2457
Biberacher Hütte	,,	1860	1, 3—7	1877
Hinterfirst-Säckelalm	,,	1750	1—5, 7	2366
Damülser Mittagsspitze	,,	2000	1—2, 4	1969
Hoher Freschen	,,	1945	1, 3—4, 6	1971
Winterstaude	,,	1750	1, 3—8	1579
Schönebach	Subersach	1025	1—5	2101
Hochruchbachalpe	,,	1500	1—2, 4—8	2220
Feuerstätter Sättele	,,	1440	2, 4—8	2056
Rehenbergalpe	,,	950	1—2, 4—8	1831
Langen bei Bregenz	Bregenzer Ache	630	1—8	1715
Feuersinger-Pöltenriegl	Achensee	1100	3—8	1873
Erfurter Hütte	,,	1830	1—8	1770
Grammai	,,	1400	1—8	1935
Plumsjoch	,,	1300	1—8	2199
Bärenbad	,,	1450	1—8	1898
Kothalpe	,,	1340	1—8	1971
Basilalpe	,,	1540	1—8	2108
Hochstögen	,,	1470	1—8	2130
Pertisau	,,	930	2—3	1705
Hohenzollernhaus	Inn	2190	7—8	1142
Bremsstall Nr. 4-Furglersee	,,	2320	5—8	1430
Rauher Kopf	,,	2700	6—8	1293
Zirmesköpfl	,,	2100	7—8	1089
Weißsee	Faggenbach	2540	7—8	1342
Wannetkopf	,,	2430	6—8	1112

Meßstelle	Einzugsgebiet	Seehöhe (m)	Beobachtungs-jahre (1950 + .)	Niederschlag (mm)
Gepatschhaus	,,	1920	6—8	1239
Wurmtal	,,	2510	7—8	1035
Kaiserbergtal	,,	2420	7—8	1292
Verpeilhütte	,,	2045	7—8	1156
Bieltal-Ferner	Trisanna	2500	1—8	1119
Jamtal-Ferner	,,	2690	1—8	1462
Fluchthorn-Ferner	,,	2750	1—7	965
Piz da Val Granda	,,	2818	1—8	639
Grethel	Pitzbach	1200	3—7	843
Fuchsmoos	,,	1340	3—7	921
Bichl	,,	1200	3—7	804
Steinhof	,,	1100	3—7	774
Arzl	,,	900	3—7	820
Hintereis-Ferner	Venter Ache	2970	1—8	1306
Saikogelgrat	,,	2880	1—6	1141
Fluchtkogel	,,	3330	1, 4	1146
Rofenberg	,,	2850	7—8	1141
Proviantdepot	,,	2780	1—8	1004
Hochjochhospiz	,,	2360	1—8	887
Schwarzkögele	,,	3100	1—6	1288
Plauener Hütte	Ziller	2390	1—3, 7—8	2073
Mitterhütte	,,	1725	1—3, 5, 7—8	1602
Dominikushütte	,,	1690	1—3, 5—8	1911
Grüne-Wand-Hütte	,,	1488	2—3, 5—8	2011
Weißsee	Stubache	2250	1—3	1966
Enzinger Boden	,,	1480	1—3	1551
Karlinger Kees	Kapruner Ache	2900	1—2	3164
Wintergasse	,,	2375	1—3	2201
Mooserboden	,,	1980	1—8	1927
Limbergsperre	,,	1570	1—3	1626
Schmiedinger Kees	,,	2800	1—8	1724
Krefelder Hütte	,,	2295	1—8	2286
Hoher Sonnblick	Rauriser Ache	3076	1—8	2563
Rojacherhütte	,,	2580	1—8	2486
Luckner Hütte	Isel	2240	1—8	1126
Niklai	Drau	1650	1—8	1654
Oberes Fleißkees	Möll	2808	1—8	2013
Unteres Fleißkees	,,	2558	1—8	1760
Brett	,,	2860	1—2	1976
Oberwalderhütte	,,	2990	1—8	1246
Wasserfallwinkel	,,	2630	1—8	1560
Glocknerhaus	,,	2140	1—8	958
Riffelwinkel	,,	3110	3—4, 6	1681
Riffeltor	,,	3100	1—8	1480
Adlersruhe	,,	3450	1—8	1345
Hochtor	,,	2450	1—8	1375
Zwenbergboden	,,	1683	1—8	1253
Hoher See	,,	2500	2—8	1735
Mooshütte	,,	2365	1—8	1620
Riekentörl	,,	2500	1—2	1470
Tripp-Kees	,,	2980	3—6	2640
Pleßnitz-Kees	Malta	2580	5—8	1685
Wastelbaueralm	,,	1635	5—8	1410
Preimlscharte	,,	2930	5—8	1984
Hochalmkees	,,	2700	4—8	1689
Hochalm-Ochsenhaus	,,	2010	4—8	1494
Gößkessel	,,	1675	3—8	1705
Gasseralm	Weißenbach	1430	3—8	1335
Sallacherkofel	,,	1630	3—8	1356
Plöcken	Gail	1220	4—8	1790
Naßfeld	,,	1530	4—8	2424
Eggeralm	,,	1420	4—8	1802

Zur Reduktion auf die Periode 1951 bis 1958 wurden auch die nachstehend genannten Ombrometerstationen herangezogen:

Station	Jahresniederschlag (mm) in der Periode		Verhältnis
	B=1951—1958	A=1901—1950	A:B
Schoppernau	1927	1899	0,981
Pertisau	1513	1524	1,007
Hochserfaus	992	991	0,999
Mooserboden	1612	1789	1,107
Naßfeldhütte	2374	2560	1,083

Im Mittel dieser fünf Orte war der Niederschlag in der Periode 1901—1950 um 3,5% höher als in der Periode 1951—1958. Läßt man jedoch die etwas unsicheren Hochstationen außer Betracht, so erweist sich die kurze Periode als mit der langen durchaus vergleichbar.

F. Ergebnisse der Totalisatorennetze

Ohne die monatlichen abgelesenen Totalisatoren [8, 22] wäre die **wahre Größenordnung der Niederschläge im Hochgebirge** unbekannt geblieben. Auch ist die Ansicht, es gebe eine **Höhenzone maximaler Niederschläge, in den Alpen nicht mehr vertretbar**. Man hat die typischen **Unterschiede der Zunahme der Niederschläge mit der Höhe in Luv- und Lee-Lagen** kennengelernt [24, 25, 31]. Man vergleiche z. B. die nach unten konvexe Kurve für das Gebiet der Bregenzer Ache in Abb. 2 mit der nach unten konkaven Kurve für das Gebiet der Ötztaler Alpen in Abb. 3: Im Luv ist die Zunahme des Niederschlages mit der Höhe in den unteren Hanglagen am bedeutendsten; in der Hochregion wird sie dann relativ klein. Im Lee aber empfangen die unteren Lagen fast gleich viel Niederschlag, und erst in der Höhe wird die Zunahme nach oben sehr bedeutend. Totalisatorennetze schaffen aber auch die Möglichkeit, die klimatischen **Schwankungen der Niederschlagstätigkeit in den Tälern und in der Gipfelregion** einwandfreier zu studieren [18, 28]. Über den **Jahresverlauf der Niederschläge in den Hochgebirgen** herrschte und herrscht zum Teil noch immer manche Unklarheit. Erst kürzlich [28] konnte festgestellt werden, daß das **Herbstmaximum** der Niederschläge, das bisher nur aus dem Gailtal in Adrianähe bekannt war, auch **auf den Höhen Nordwestkärntens** zu existieren scheint: In den Tälern der Lieser und Malta herrscht ein eindeutiger und starker Jahresgang der Niederschlagsmengen: Im Monat der höchsten Mengen, dem Juli, fällt rund dreimal soviel als im Januar; ab 2200 m Höhe bringen aber Oktober, bzw. November ebensoviel Niederschlag wie der Juli. Alle diese Erkenntnisse besitzen grundlegende meteorologische und klimatologische Bedeutung.

In Hinblick auf die praktische Nutzanwendung der Totalisatoren sind natürlich vor allem die Eigenzwecke der betreffenden Kraftwerksgesellschaften zu nennen. Nur die Netze im Sonnblick- und Glockner-Gebiet sowie in den Ötztalern wurden ursprünglich aus rein wissenschaftlichen Gründen errichtet. Die allgemeinste Nutzung haben die Totalisatoren in den Bänden des Österreichischen Wasserkraftkatasters erfahren [14, 21, 24, 25, 28, 29, 30, 31, 33, 37]. Der Wasserkraftkataster dient als Grundlage objektiver Vergleiche der Ausbauwürdigkeit verschiedener Flußgebiete für Kraftwerkszwecke. Er diente der Bundesregierung als Unterlage bei der Beschaffung und Bereitstellung der nötigen Finanzierungen etc. Verglichen mit den Beträgen, die dabei investiert werden, sind die Kosten der Totalisatorennetze, so belastend sie im Einzelfalle erscheinen mögen, nur verschwindend klein. Auch der Sonnblick-Verein darf mit Recht stolz darauf sein, seinen Beitrag zur technischen Erschließung und zum Aufstieg Österreichs als Wohlfahrtsstaat beigetragen zu haben.

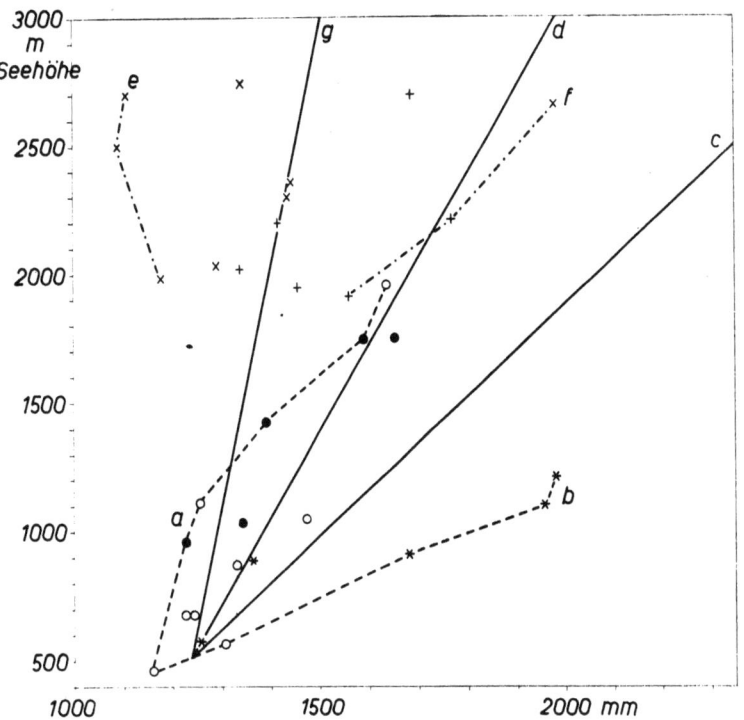

Abb. 1. Beziehungen zwischen den Jahresniederschlägen in Millimetern und der Seehöhe in Metern im Ill-Gebiet, Vorarlberg
Totalisatoren: Silvretta liegende Kreuzchen, Rätikon stehende Kreuzchen; Ombrometer: Silvretta volle Kreise, Rätikon leere Kreise, rechtsseitige Täler Sternchen; Linien: a und b, strichliert: Verbindungslinien der Ombrometerstationen mit den geringsten bzw. den höchsten Niederschlägen, c: Mittelkurve für das Ill-Gebiet nach dem Österreichischen Wasserkraftkataster, e und f, strichpunktiert: Verbindungslinien der Totalisatorenstationen mit den geringsten bzw. den höchsten Niederschlägen, g: Mittelkurve für Silvretta—Rätikon bei Annahme der Richtigkeit der Totalisatorenwerte, d: Wahrscheinlich richtigere Kurve für Silvretta—Rätikon. Aus den Kurven g und d ergeben sich folgende Korrektur-Faktoren für jährlich nur einmal abgelesene Totalisatoren:

Seehöhe (m)	g	d	d:g
3000	1510	1980	1.31
2500	1450	1830	1.26
2000	1400	1680	1.20
1500	1340	1530	1.14
1000	1290	1380	1.07
500	1230	1230	1.00

Richtlinien für die weitere Arbeit mögen aus der nun folgenden Besprechung der vielen Illustrationsbeispiele (Abb. 1 bis 4) gewonnen werden. Dargestellt sind die Beziehungen zwischen den Jahresniederschlägen und den Seehöhen in den Flußgebieten Ill (Abb. 1), Bregenzer Ache (Abb. 2), Ötz, Ziller und Hohe Tauern (Abb. 3), sowie Gail (Abb. 4). Auf der Abszisse sind die Jahresmengen in mm aufgetragen, auf der Ordinate die Seehöhen in m. Durch verschiedene Zeichen sind die Totalisatoren und Ombrometer der einzelnen Netze unterschieden. Stets sind auch die für die einzelnen Bände des

Wasserkraftkatasters gewählten Mittelkurven eingetragen, ferner mehrfach Begrenzungskurven für die Meßstellen mit den jeweils höchsten und den jeweils niedrigsten Niederschlagswerten.

In Abb. 1 kommt klar zum Ausdruck, daß jährlich nur einmal abgelesene Totalisatoren in exponierten Hochgebirgslagen die Niederschläge nicht richtig erfassen. Dies gilt namentlich auch für die Totalisatoren im Trisanna-Gebiet, wo auf dem Piz da Val Granda in 2818 m Höhe sogar nur 639 mm im Jahresdurchschnitt aufgefangen wurden.

Die strichlierten oberen bzw. unteren Begrenzungslinien der Ombrometerpunkte im Ill-Gebiet öffnen sich mit zunehmender Seehöhe immer mehr, da der Gegensatz zwi-

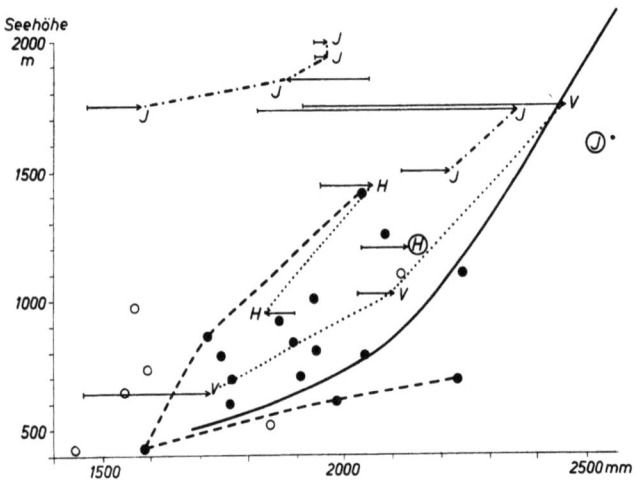

Abb. 2. Beziehungen zwischen den Jahresniederschlägen in Millimetern und der Seehöhe in Metern im Gebiet der Bregenzer Ache und in benachbarten Gebieten Vorarlbergs Totalisatoren: J = Beobachtung einmal im Jahr, H = Beobachtung einmal im Halbjahr, V = Beobachtung einmal im Vierteljahr. Totalisatoren aus dem Gebiete des Frutzbaches sind eingeringelt. Die Pfeile verbinden die Mittelwerte der Beobachtungszeit 1941 bis 1950 mit denen der Beobachtungszeit 1951 bis 1958. Die Pfeile weisen fast durchwegs nach rechts. Vermutlich liegen aus der neueren Periode die genaueren Messungen vor. Die strichpunktierten Linien verbinden, wie in Abb. 1, die Totalisatorenstationen mit den geringsten bzw. den höchsten Niederschlägen. Ombrometer: Bregenzer Ache volle Kreise, Frutzbach, Dornbirner Ache leere Kreise. Die strichlierten Linien verbinden die Ombrometerstationen mit den geringsten bzw. den höchsten Niederschlägen. Voll ausgezogene Kurve: Durchschnittliche Beziehung zwischen Jahresniederschlag und Seehöhe im Gebiet der Bregenzer Ache nach dem Österreichischen Wasserkraftkataster. Im Verhältnis zu dieser wahrscheinlich etwas zu weit rechts gezogenen Linie betragen die von den einzelnen Gerätegruppen summierten Mengen durchschnittlich: Jahressammler 82%, Halbjahressammler 89%, Vierteljahressammler 94%. Nimmt man die Werte bei täglicher (oder selbst vierteljährlicher Ablesung) als richtig an, so erhält man bei halbjährlicher Ablesung um 6%, bei einmal jährlicher Ablesung um 15% zu wenig.

schen Luv- und Lee-Lagen immer bedeutender wird. Doch umschließen sie die im Band Ill des Wasserkraftkatasters gewählte mittlere Beziehungskurve zwischen Niederschlag und Seehöhe, die Linie c, und ebenso auch die Linie d, welche in dem erwähnten Bande als für die relativ trockeneren Regionen der Silvretta und des Rätikons gültig angesehen wurde.

Die strichpunktierten Begrenzungslinien der Totalisatoren liegen weitab links des durch die Ombrometer geforderten Bereiches. Zur Not deckt sich noch die genannte Mittelkurve d mit der Kurve f, welche die drei Totalisatoren mit den relativ höchsten Jahresmengen verbindet. Laut Legende scheinen nur jährlich einmal bediente Totalisatoren wegen der bereits früher genannten Fehlermöglichkeiten um rund 20 bis 30% zu niedrige Summen zu liefern. Dieses Ergebnis ist auch für andere Staaten mit solchen Netzen von Bedeutung. Das Mißtrauen, das man anderwärts den Totalisatoren entgegenbringt, würde vielleicht schwinden, wenn man sich entschließen könnte, sie monatlich abzulesen.

Durch Abb. 2 für das Gebiet der Bregenzer Ache werden die Folgerungen aus Abb. 1 trefflich gestützt und in bemerkenswerter Weise erweitert. In diesem Gebiete wurden nämlich einige Sammler jährlich abgelesen, andere halbjährlich, wieder andere vierteljährlich (siehe die Legende). Die „Vierteljahrspunkte" liegen viel näher zu der im Wasserkraftkataster als gültig angenommenen mittleren Beziehung zwischen Niederschlag und Seehöhe als die „Halbjahrespunkte" oder gar die „Jahrespunkte". Berücksichtigt man, daß die Mittelkurve vielleicht um etwa 5% zu weit rechts gezogen wurde, so kann man,

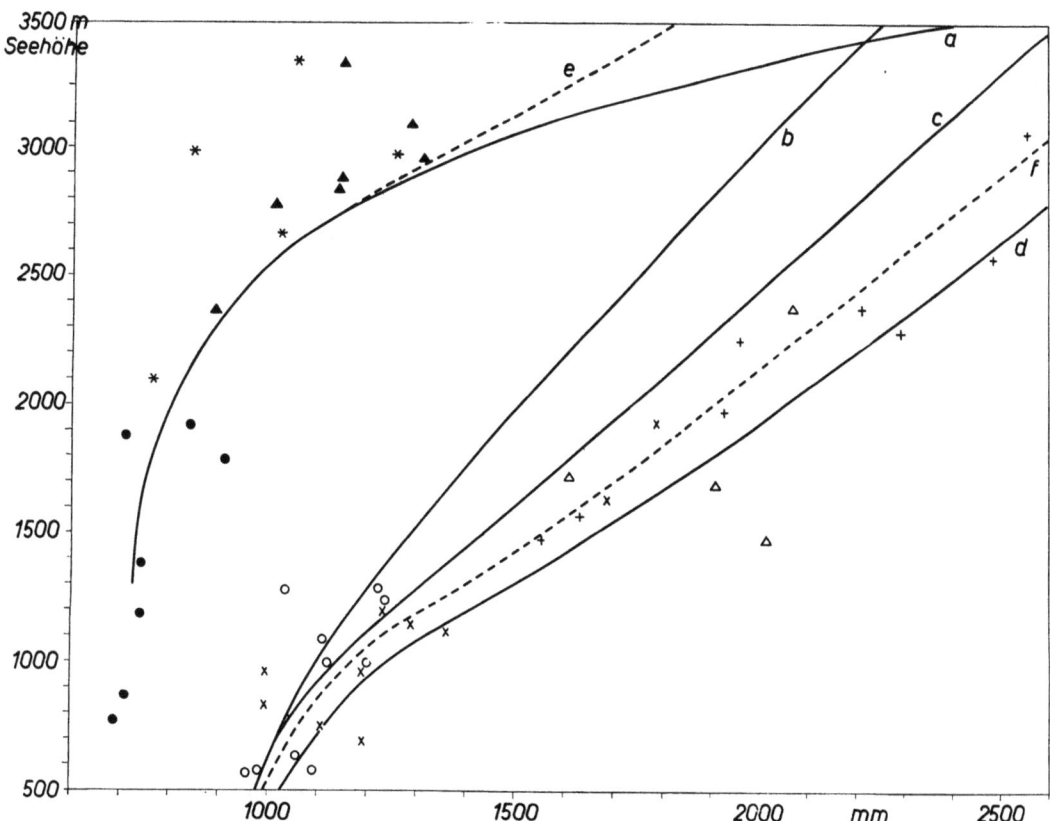

Abb. 3. Beziehungen zwischen den Jahresniederschlägen in Millimetern und der Seehöhe in Metern in den südlichen Ötztaler Alpen, den Zillertaler Alpen und den Hohen Tauern
Totalisatoren: Ötztal, derzeitiges Netz, volle Dreiecke, Ötztal, ältere Stationen, Sternchen, Zillertal leere Dreiecke, Tauern, Nordseite, stehende Kreuzchen. Ombrometer: Ötztal volle Kreise, Zillertal leere Kreise, Tauerntäler, nordseitig Punkte. Linien: a bis d: Mittelkurven nach dem Österreichischen Wasserkraftkataster, und zwar a: Ötz, südliche Hälfte, b: Ziller, c: Pinzgau (Tauern-Nordseite westlich Taxenbach), d: Pongau (Tauern-Nordseite östlich Taxenbach), e, strichliert: Auf Grund der Totalisatorenmessungen verbesserte Kurve für die Hochregion der südlichen Ötztaler Alpen, f, strichliert: Auf Grund der Totalisatorenmessungen erhaltene gemeinsame Kurve für die Zillertaler Hochregion und für die Hohen Tauern-Nordseite. (Ohne die Ergebnisse der Totalisatoren waren die Niederschlagsmengen der Zillertaler-Hochregion um rund 500 mm pro Jahr zu niedrig eingeschätzt worden.)

wie in der Legende ausgeführt wird, schließen, daß die Jahressammler um etwa 15% zu wenig liefern, die Halbjahressammler noch um etwa 6%, während die vierteljährlich kontrollierten Sammler immerhin schon gute Resultate liefern.

Übrigens lehrt Abb. 2 noch Folgendes: In der ersten Periode, der Kriegszeit mit ihren bekannten Schwierigkeiten, wurden erheblich geringere Mengen gemessen als in der Periode 1951 bis 1958. Dies mag zum Teil an Unterschieden in der Niederschlagstätigkeit liegen, zum Teil aber vielleicht doch an Ungenauigkeiten im Betrieb der Geräte, welche sich bei Totalisatoren fast ausnahmslos nur im Sinne zu geringer Niederschläge auswirken können. Gerade durch die laufende Verarbeitung wird man aber solcher Mängel, welche eine überaus verdienstliche und überaus mühevolle Arbeit in ihrem Werte etwas beeinträchtigen können, am ehesten gewahr.

Noch ein kleiner Hinweis für den Klimatologen: Man beachte den überaus starken Zuwachs der Niederschläge mit der Höhe in den unmittelbar von der Rheinebene Vorarlbergs aufsteigenden Flußgebieten der Dornbirner Ache und des Frutzbaches. Die leeren Kreise entsprechen etwa 1500 bis 1600 mm in 500 bis 1000 m Seehöhe. Die Normalmenge in Ebnit, 1100 m, beträgt schon 2122 mm, und der Totalisator auf der Saluveralm in 1610 m Höhe dürfte mehr als 2500 mm durchschnittliche Jahresniederschlagshöhe erhalten. Man darf den weiteren Ergebnissen der Totalisatorennetze Vorarlbergs mit großem Interesse entgegensehen.

Den großen Wert der Totalisatorennetze erkennt man insbesondere auch aus Abb. 3. Aus den Ombrometerstationen allein hätte man niemals auf die wahren Niederschlagswerte der Hochregionen der Ötztaler schließen können. Mögen auch die Totalisatoren noch Fehler haben und mögen sie auch in den relativ trockensten Teilen dieser Hochregion stehen, so geben sie doch wenigstens der Richtungssinn der Mittelkurven für die Beziehung zwischen Niederschlag und Seehöhe an. Die Bearbeiter [23, 25] sind einhellig der Meinung, daß man die Mittelkurven bei etwas höheren Mengen ziehen müsse, als sie die Totalisatoren unmittelbar anzeigen. Freilich wird man für die höchsten Regionen den Kurvenverlauf vielleicht von der Linie a auf die Linie e zurücknehmen müssen.

Für das Gebiet der Zillertaler Alpen waren zur Zeit der Abfassung der klimatologischen Gebietsbeschreibung zum Österreichischen Wasserkraftkataster überhaupt keine Totalisatorenwerte bekannt. Man mußte nach den Verhältnissen in den Ötztalern, in den Tauern und im Achensee-Gebiet abschätzen und ging mit der Kurve b in Abb. 3 weit fehl. Die später gewonnenen Totalisatorenwerte zeigen klar, daß die Hochregion der Zillertaler Alpen niederschlagsmäßig völlig dem Gebiet der Tauern-Nordseite entspricht. Dies ist zugleich wieder eine Warnung vor ungerechtfertigtem Interpolieren klimatischer Größen in einem reliefierten Gebirgsland. Das Zeichnen von Klimakarten in den Alpenländern erfordert nicht nur einen um eine Größenordnung höheren Zeitaufwand als in nichtgebirgigen Ländern, es ist auch nur mit großen Unsicherheiten möglich, obwohl außer Japan kein anderes Land der Erde ein so dichtes Beobachtungsnetz hat wie Österreich.

Vollends klar wird der Bedarfsruf nach weiteren Totalisatoren bei Betrachtung der Abb. 4. Die Ombrometerstationen des Gailtales (Linie a) zeigen die auch aus dem Inntal bekannte Anomalie mit dem Flußlauf abwärts zunehmender Niederschläge bis zu einem Maximum bei Waidegg. Die Zunahme der Niederschlagsmengen mit der Höhe in dem rechtsseitig begrenzenden Gebirgszug der Karnischen Alpen konnte nur durch das Stationspaar Waidegg-Naßfeldhütte abgeschätzt werden (Linie d). Für die linksseitig begrenzenden Gailtaler Alpen gab es zur Zeit der Abfassung des Bandes Gail des Wasserkraftkatasters nur die vom Sonnblick-Verein gegründete Bergstation Villacher Alpe als Überlegungsstütze. Auch einige Jahre mit Totalisatoren-Beobachtungen standen zur Verfügung.

Seither konnte die Kurve b noch durch zwei weitere Totalisatoren gestützt werden. Dagegen ist es durch die Totalisatoren Plöcken und Eggeralm fraglich geworden, ob man im Gesamtgebiet der Karnischen Alpen mit der starken Zunahme der Mengen mit der Höhe rechnen darf, wie sie Kurve d angibt, oder ob für weite Teile nicht besser die Kurve c anzuwenden ist. Auch hier wird erst die Zukunft Klarheit bringen können.

Die allmähliche Erkenntnis der wahren Niederschläge im Hochgebirge wird im Laufe der Zeit Möglichkeiten schaffen, die hydrographische Bilanz der Gebirgsregionen wirklich zu verstehen, wahre Verdunstungswerte abzuleiten usw. O. Lanser [37] sah sich kürzlich in einer Studie über die Hydrologie der Gletscherwässer vor das Problem gestellt, ob man für das Einzugsgebiet des Pegels Vent, 1885 m, im Ötztal den mittleren Gebietsniederschlag doppelt so hoch annehmen dürfe, als der Normalwert der meteorolo-

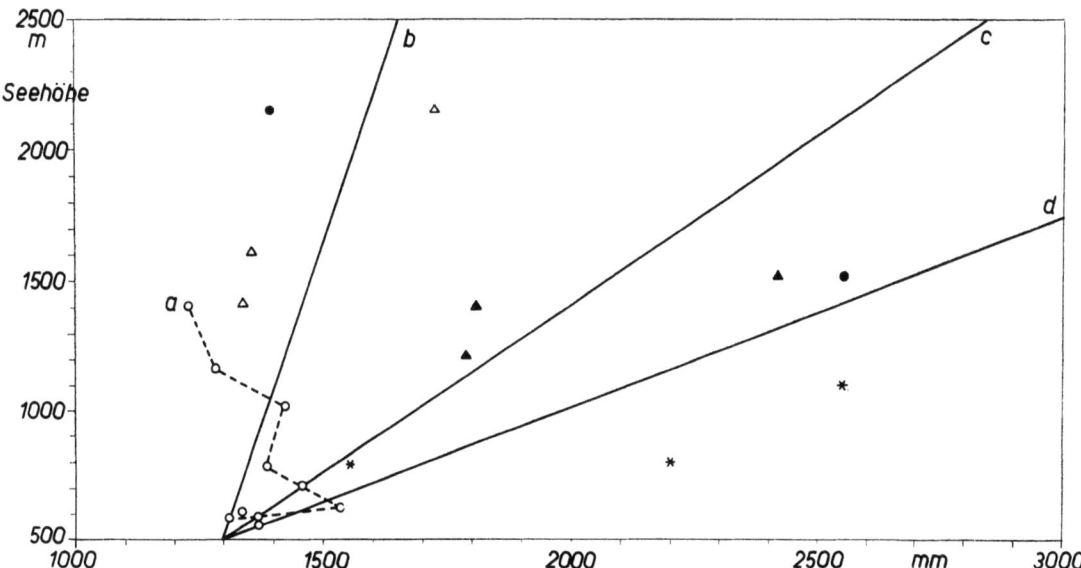

Abb. 4. Beziehungen zwischen den Jahresniederschlägen in Millimetern und der Seehöhe in Metern im Gebiet der Gail, Kärnten
Totalisatoren: Gailtaler Alpen (nördlich des Gailtales) leere Dreiecke, Karnische Alpen (südlich des Gailtales) volle Dreiecke. Ombrometer: Gailtal leere Kreise, Karnische Alpen (Naßfeldhütte) voller Kreis, Gailitztal (südöstlich der Karnischen Alpen) Sternchen. Linien: a, strichliert: Gailtal (bemerkenswerte Anomalie: Der Oberlauf ist wesentlich niederschlagsärmer als der Unterlauf; Maximum bei Waidegg westlich von Hermagor: der Aufstieg von dort zum Naßfeld bringt eine Zunahme des Niederschlages mit der Höhe etwa entprechend der Linie d; b bis d: Mittelkurven nach dem Österreichischen Wasserkraftkataster, und zwar b: Gailtaler Alpen (nördliche, linksseitige Gebiete), d: Karnische Alpen (südliche, der Adria nähere Gebiete), c: Mittel aus b und d. Diese Kurve ist vielleicht für die Lagen unmittelbar über dem Gailtal, z. B. Eggeralm, und auch für den mittleren und westlichen Teil der Karnischen Alpen, z. B. Plöckenpaß, zutreffend.

gischen Station Vent (706 mm) beträgt. Angesichts der Abb. 3 wird man diese Frage bejahen und die Zahlen der Tabelle 1 aus [37], bezüglich des Venter Einzugsgebietes ergänzt, wie folgt darstellen:

Vent, 1885 m, Einzugsgebiet 164,6 km², Vergletscherung 45,7%, mittlere Seehöhe 2915 m, höchster Punkt 3772 m, jährliche Abflußhöhe 1243 mm, Normalwert der jährlichen Niederschlagshöhe in Vent 706 mm, Anteil des Gletscherschwundes am Abfluß 10,6% = 132 mm, daher aus dem Niederschlag stammende jährliche Abflußhöhe 1111 mm.

Seehöhenstufen (m)						
1885—2100	2100—2400	2400—2700	2700—3000	3000—3300	3300—3600	3600—3772
Prozentanteil der Flächen (%)						
1	7	15	32	38	7	—
Jahresniederschlag in cm (aus Wasserkraftkataster, Band Ötz, vgl. Abb. 3)						
81	88	104	129	170	218	—
Produkt aus Flächenanteil und Jahresniederschlag						
81	616	1560	4128	6460	1526	—

Die Summe der Produktzahlen in der letzten Zeile ist 14.371. Dividiert man durch 100, so erhält man den wahrscheinlichen mittleren Gebietsniederschlag zu 1437 mm, also rund doppelt so viel als der Niederschlag beim Pegel Vent beträgt. O. Lansers Erwartungswert wird also bestens verifiziert gefunden. Die durchschnittliche Jahresverdunstung des Einzugsgebietes ergibt sich zu $1437 - 1111 = 326$ mm. Der Abflußfaktor ist $1111 : 1437 = 0,77$. Dieser Wert ist nur wenig höher als der Wert von 0,6 bis 0,7, den O. Lanser für das Villgratental für wahrscheinlich hält.

Mit ähnlichen Überlegungen wird man auch in außereuropäischen Gebieten die mehr oder minder starke Zunahme der Niederschlagsmengen mit der Höhe ins Kalkül ziehen müssen, wenn man Fehlschlüsse vermeiden will. Zum Beispiel kann man aus der Trockenheit von Gebieten Innerasiens, welche von gewaltigen Strömen durchflossen werden, nicht auf deren Bedingtheit durch Abschmelzen eiszeitlicher Gletscherreste schließen, ohne Kenntnis davon zu haben, welche Niederschläge in den Hochregionen der Gebirge fallen.

Man ist heute geneigt, die Bedeutung von Variationen der Niederschläge für die Veränderungen von Firn- und Gletschermassen zu unterschätzen. Doch ist man zu solchen Annahmen berechtigt, ohne ein langjähriges Material einwandfreier Niederschlagsmessungen zu besitzen?

Wir stehen erst am Anfange der Sammlung eines solchen Materials und müssen allen dankbar sein, welche an dieser beschwerlichen Arbeit teilhaben, nicht zuletzt dem Sonnblick-Verein und seinen Beobachtern und Mitarbeitern.

Literatur

[1] J. Hann, Jährliche Niederschlagsmenge auf dem Sonnblickgipfel, Meteorol. Z. 1891, 479.
[2] J. Hann, Klima des Sonnblickgipfels, 1. Jahresbericht des Sonnblick-Vereines, Wien 1893, 25—36.
[3] F. Machacek, Zur Klimatologie der Gletscherregion der Sonnblickgruppe, 8. Jahresbericht des Sonnblickvereines, Wien 1900, 3—34.
[4] J. Hann, Ergebnisse 20jähriger meteorologischer Beobachtungen auf dem Sonnblickgipfel, 15. Jahresbericht des Sonnblick-Vereines, Wien 1907, 31—37.
[5] J. Hann, Ergebnisse der 25jährigen meteorologischen Beobachtungen auf dem Sonnblickgipfel, 21. Jahresbericht des Sonnblick-Vereines, Wien 1913, 7—10.
[6] J. Hann, Zur Meteorologie des Sonnblicks, 26.—27. Jahresbericht des Sonnblick-Vereines, Wien 1919, 1—12.
[7] A. E. Forster, Die Niederschlagsmessungen auf dem Sonnblick und anderen Gipfelobservatorien, 38. Jahresbericht des Sonnblick-Vereines, Wien 1930, 20—25.
[8] F. Steinhauser, Ergebnisse neuerer Beobachtungen über die Niederschlagsverhältnisse im Sonnblickgebiet, 41. Jahresbericht des Sonnblick-Vereines, Wien 1933, 18—31.
[9] F. Steinhauser, Die Meteorologie des Sonnblicks, Wien 1938, 180 S.
[10] F. Steinhauser, Klimatabelle für den Sonnblick 1901—1950, 49.—50. Jahresbericht des Sonnblick-Vereines, Wien 1954, 56—60.
[11] F. Steinhauser, Über die Struktur des Jahresganges der Niederschläge am Zentralalpenkamm, Wetter und Leben, 2, 1949, 1—4.
[12] H. Tollner, Niederschlagsverhältnisse im Gebiet des Rauriser Sonnblicks, 49.—50. Jahresbericht des Sonnblick-Vereines, Wien 1954, 13—18.
[13] H. Hoinkes, Über die Schneeumlagerung durch den Wind, 51.—53. Jahresbericht des Sonnblick-Vereines, Wien 1957, 27—32.
[14] Adele und F. Lauscher, Der Halbjahresniederschlag in Österreich mit und ohne Berücksichtigung des Wasservorrats der Schneedecke, in Energiepotential des Niederschlages im österreichischen Bundesgebiet, Beitr. z. Österr. Wasserkraftkataster, Heft 2, Teil 1, 8—22, und Teil 2, 1—94 mit 16 Karten, Wien 1956.
[15] R. Billwiller, Niederschlagsmessungen im Hochgebirge, 23. Jahresbericht des Sonnblick-Vereines, Wien 1925, 15—19.
[16] P. Deutsch, Die Niederschlagsverhältnisse im Mur-, Drau- und Savegebiet, Geogr. Jahresbericht aus Österreich VI, 1907, 15—65.
[17] Brockman-Jerosch, Die Vegetation der Schweiz, Zürich 1925.
[18] F. Lauscher und Maria Roller, Die Schwankungen der Niederschlagsabhängigkeit von der Seehöhe, beurteilt nach dreißigjährigen Totalisatoren-Beobachtungen in den Hohen Tauern, Wetter und Leben, 8, 1956, 180—187.
[19] H. Tollner, Wetter und Klima im Gebiete des Großglockners, Carinthia II, 14. Sonderheft, Klagenfurt 1952, 136 S.
[20] H. Tollner, Niederschlagsverhältnisse der Übergossenen Alm auf dem Hochkönig, 46. Jahresbericht des Sonnblick-Vereines, Wien 1938, 12—15.

[21] F. Lauscher, Klimatologische Gebietsbeschreibung der Gail, Österr. Wasserkraftkataster, Wien 1951.
[22] A. Gaspari, Die Niederschlagsverhältnisse im Achenseegebiet, 43. Jahresbericht des Sonnblick-Vereines, Wien 1935, 62—69.
[23] H. Hoinkes, Neue Niederschlagszahlen aus den zentralen Ötztaler Alpen, 49.—50. Jahresbericht des Sonnblick-Vereines, Wien 1954, 19—27.
[24] F. Lauscher, Klimatologische Gebietsbeschreibung des Inn, Österr. Wasserkraftkataster, und zwar Teil I (Ursprung bis Innsbruck), Wien 1949, Teil II (Innsbruck bis Kufstein und Gebiet der Kössener Ache), Wien 1950, Teil III (Kufstein bis Passau), Wien 1955.
[25] F. Lauscher, Klimatologische Gebietsbeschreibung Ötz, Österr. Wasserkraftkataster, Wien 1948.
[26] F. Lauscher und Maria Roller, Bemerkungen zur Zeichnung der Niederschlagskarten für die Hochwasser-Wetterlagen im Juli 1954, Wetter und Leben, 8, 1956, 235—240.
[27] H. Boeck, Zur Methode von Niederschlagsmessungen im Hochgebirge, Österr. Wasserwirtschaft, 3, 1951, 103.
[28] F. Lauscher, Klimatologische Gebietsbeschreibung Lieser—Malta, Österr. Wasserkraftkataster, Wien 1959.
[29] A. Kieser, Gewässerkundliche Grundlagen der Anlagen und Projekte der Vorarlberger Illwerke Aktiengesellschaft, Bregenz, Österr. Wasserwirtschaft, 1, 1949, 87.
[30] F. Lauscher, Klimatologische Gebietsbeschreibung Ill, Österr. Wasserkraftkataster, Wien 1952.
[31] F. Lauscher, Klimatologische Gebietsbeschreibung Bregenzer Ache, Österr. Wasserkraftkataster, Wien 1959.
[32] Elisabeth Amthor, Einfluß eines Gebirgsstockes auf den Niederschlag und Zusammenhänge zwischen diesem und der Quellenergiebigkeit, Dissertation, Univ. Wien 1935.
[33] F. Lauscher, Klimatologische Gebietsbeschreibung Leitha, Fischa, Schwechat, Österr. Wasesrkraftkataster, Wien 1951.
[34] F. Sauberer, Niederschlagsmessungen am Nordhang des Kleinen Hetzkogels, Wetter und Leben, 1, 1949, 297—302.
[35] Hydrographische Jahrbücher von Österreich, 1951—1958, 59. bis 66. Band, Wien 1952—1959, letzter Abschnitt: Ergebnisse der Niederschlagsmessungen mit Totalisatoren.
[36] H. Tollner, Klimatologische Gebietsbeschreibung Salzach I, Österr. Wasserkraftkataster, Wien 1950.
[37] F. Lauscher, Klimatologische Gebietsbeschreibungen zum Österreichischen Wasserkraftkataster, und zwar Band Lech, 1956, und Band Drau, 1958.
[38] O. Lanser, Beiträge zur Hydrologie der Gletschergewässer, Schriftenreihe des Österr. Wasserwirtschaftsverbandes, Heft 38, Wien 1959, 1—63.

Das Verhalten der Gletscher des Sonnblick- und Glocknergebietes von 1957 bis 1959

Von H. Tollner[1]), Salzburg

Mit 1 Bildtafel[2]) und 4 Textabbildungen

Seit dem Beginn der zweiten Hälfte des vorigen Jahrhunderts deutet sich eine augenfällige Änderung des Sommerklimas der ostalpinen Hochgebirgsräume an, die sich schließlich auch auf den Eishaushalt der Gletscher merklich auswirkt. Wie die Abb. 1 zeigt, nahmen auf dem Rauriser Sonnblick, 3106 m, dem Repräsentanten des zentralalpinen Nivalklimas, die Niederschläge zu, stieg die Häufigkeit des festen Niederschlages an, sank die Lufttemperatur kräftig ab und ging die Sonnenscheindauer wesentlich zurück. Die Schwankungen einzelner meteorologischer Elemente gingen auf eine — besonders in der 700-mb-Fläche — deutliche Änderung der atmosphärischen Zirkulation zurück. Auch die Häufigkeit der verschiedenen Windrichtungen zeigten in dieser Zeit auffällige Verschiebungen (Abb. 2).

Als Folge der Verbesserung der glazial-meteorologischen Bedingungen vermochten seit 1950 stärkere „Jahresfirnrücklagen" den Hochgebirgssommer zu überdauern und es verschwanden viele Spalten. Die Oberflächenfirne verschmutzten durch Kryokonitanflug nicht mehr so stark wie früher und erlitten wegen einer höheren Albedo während der

---

[1]) Die Gletscheruntersuchungen erfolgten im Auftrag des Sonnblick-Vereines und der Tauernkraftwerke A. G. unter Mitarbeit von Ch. Prantl, E. Fischer und U. Friedrich.
[2]) Gegenüber der Titelseite.

Sommermonate geringere Abschmelzverluste. Von den Seiten rückten die Firnfelder etwas gegen die Grate hinauf und Felsinseln in hochgelegenen Firngebieten wurden niedriger. Auf den Speicherflächen mehrerer Gletscher übertraf die Masse der Jahresfirnrücklagen die Abschmelzverluste auf den Zungen, so daß sich der Jahreseishaushalt erhöhte [1].

Die Zungen der großen Eisströme ließen zwischen 1957 und 1959 ebenso wie zwischen 1954 und 1956 [2] keine deutlich sichtbare Änderung ihres Verhaltens erkennen. Kleinere Gletscher mit hochgelegenen Zungenenden reagierten noch immer auf die

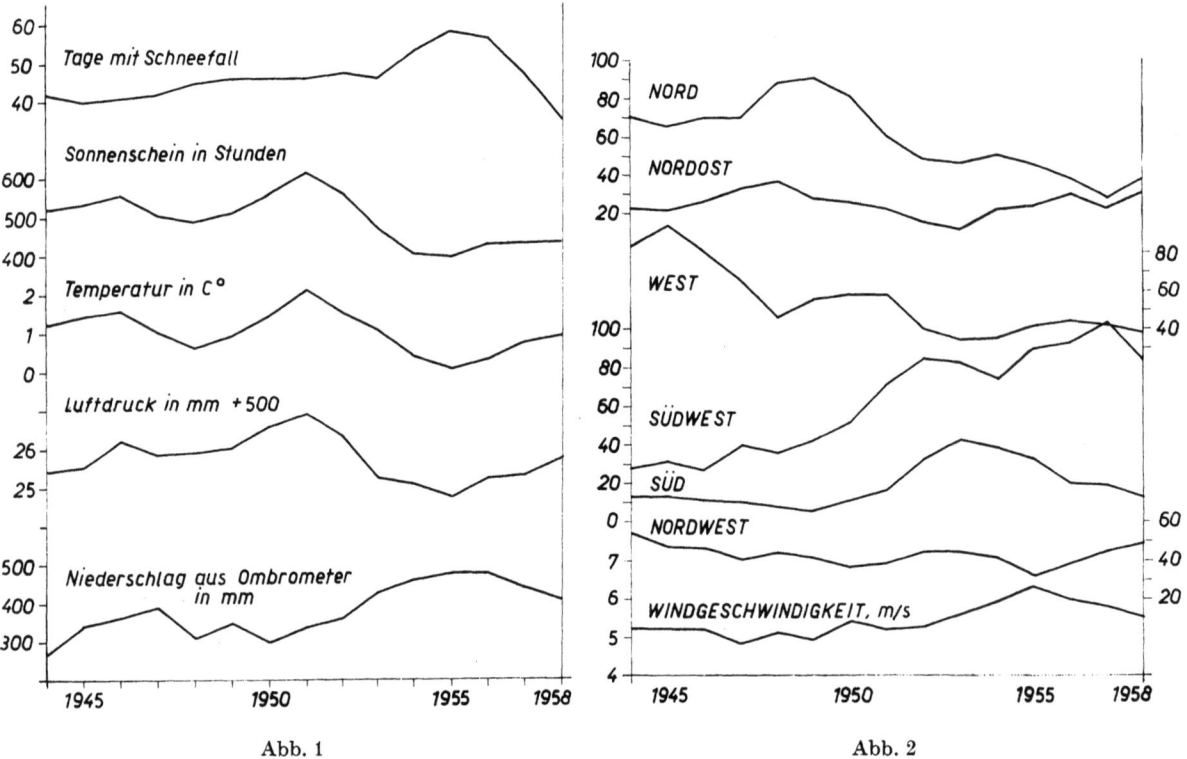

Abb. 1. Dreijährig übergreifende Mittel bzw. Summen der meteorologischen Elemente auf dem Sonnblick im Sommer (Juni—August).

Abb. 2. Dreijährig übergreifende Mittel der Häufigkeit verschiedener Windrichtungen und der Stärke des Windes zu den Klimaterminen auf dem Sonnblick im Sommer (Juni—August).

Variation des sommerlichen Hochgebirgsklimas, wichen zögernd zurück, oder stießen vereinzelt vor. Die Zungenflächen von hochgelegenen Gletschern blieben in der warmen Jahreszeit durch eine zäh sich behauptende Firndecke (jeweils letzte Winterablagerung) lange vor Ablation geschützt, so daß die Jahresbewegung des Gletschereises zum Teil als Zungenvorstoß aufscheinen konnte. An manchen Gletschern wurden wieder trotz ansehnlicher Firnrücklagen recht bedrohliche Zerfallserscheinungen festgestellt.

Großer Goldberggletscher[3])

Die höheren Teile der Firnoberfläche des Großen Goldberggletschers (Vogelmeier-Ochsenkarkees) lagen im September 1959 sowohl an den Rändern als auch im Inneren

---

[3]) Siehe Bildtafel (oben): Großes Goldbergkees vom Weg zur Niederen Scharte am 4. September 1959. Bildmitte: Oberes Gruepetes Kees. Rechts oben: Firnfeld, beinahe schon zur Gänze vom Zungenteil getrennt.

bei Felsinseln um 2—4 m höher als im September 1947. An der Nordostflanke der Goldbergspitze befand sich die Firndecke 1958 noch um 5,8 m über dem Niveau 1947, im September 1959 nur mehr 4,0 m.

Der Gesamtgletscherkörper des Großen Goldbergkeeses wies im September 1959 örtlich bereits bedenkliche Auflösungssymptome auf. Während die Abschnürung der Eismasse beim Steilabfall des Oberen Gruepeten Keeses (in 2520 bis 2660 m) von 1934 auf 1959 nur von 30 bis gegen 50 Prozent fortschritt, erschien die Eisverbindung am höchsten Steilaufschwung (2760 bis 2860 m) fast vollständig unterbrochen (siehe Bild 1).

Das Zungenende verlagerte sich von 1957 auf 1959 (Tabelle 1) im allgemeinen nur mäßig zurück.

Tabelle 1. Zungenänderung des Großen Goldberggletschers in Meter.
(Die eingeklammerten Markenbezeichnungen stellen die Weiterführung der vorher stehenden Marke dar.) Das Vorzeichen — bedeutet Rückgang und + Vorstoß

	A (/A)	B (/B)	C_{54}	$C_2 (C_3)$	$P_{22} (\bar{P}_{22})$	P_{23}	D_{54}
1957	— 0,8	— 2,0	— 4,0	— 6,1	— 1,4	unter Schnee	
1958	— 18,9	— 4,5	— 5,4	— 11,5	— 5,4	,,	— 4,1
1959	+ 4,2	+ 0,8	— 3,6	— 4,5	— 0,4	+ 0,1 gegen 1956	+ 0,2

Kleines Sonnblickkees

Der Kleine Sonnblickgletscher verhielt sich ähnlich eigenartig wie das Große Goldbergkees. Der rechte Zungenlappen reichte im September 1959 noch immer um 7,6 m weiter als im September 1947 hinunter, obwohl in höheren Teilen der Felsuntergrund zunehmend freigegeben wurde.

Fleißscharte

In der Fleißscharte zwischen dem Großen Goldberggletscher und dem Kleinen Fleißkees betrugen die Jahresfirnrücklagen zwischen 1957 und 1959 jeweils vor Beginn der neuen Schneeanhäufungszeit 195, 80 und 140 cm. Am 5. September 1957 wurden für den Firnrest 1956/57 von 195 cm eine Dichte von 0,58, am 4. September 1958 von 105 und 92 cm Rücklagen 1957/58 von durchschnittlich 0,64 und am 3. September 1959 für 155 und 168 cm Firn der Ablagerung seit Herbst 1958 eine solche von 0,66 ermittelt.

Zwischen dem Sonnblickgipfel und dem Schneepegel in der Fleißscharte traf man vor 12 Jahren mehrere lange und verhältnismäßig auch breite Spalten. Im September 1959 gab es nur noch eine von 30 cm Breite.

Kleines Fleißkees

Im September 1957 war der rechte Zungenlappen gegenüber dem Vorjahr um 2,1 m vorgerückt. Vom linken Teil des sehr dünnen Zungenendes erschien das unterste Stück abgebrochen und zum größten Teil auch abgeschmolzen. Damit ergab sich dort eine Zungenverkürzung von 9,7 m. Eine 10 bis 30 cm dicke und sehr feste Firnauflage verhinderte die geodätische Aufnahme des Zungenquerprofils.

Im Firngebiet wurden Jahresrücklagen zwischen 90 und 270 cm festgestellt. Die Messung der Dichte der Firnschichte 1956/57 erzielte einen Durchschnittswert von 0,58. Im Gegensatz zu früheren Jahren zeigte sich das Firnfeld praktisch spaltenlos. Eine Massenberechnung der Änderung des Eishaushaltes des Kleinen Fleißkeeses innerhalb des Glazialjahres 1956/57 führte zu einem beträchtlichen Massengewinn.

Ein Jahr später (September 1958) hatte sich die Gletscherzunge an der rechten Seite (Marke A) um 26,4 m und links (Marke B) um 27,3 m verkürzt. Die Zunge erlitt im Laufe der letzten 24 Monate in der Höhe von etwas unter 2600 m sehr starken Vertikalschwund. Die Tab. 2 weist darüber Einzelheiten aus. An der Nordostseite der Goldbergspitze war, wie bereits beim Großen Goldberggletscher erwähnt, die Firnoberfläche innerhalb eines Jahres bis zu 5,5 m eingesunken. Infolge örtlichen Schneeanwehens wurde dort einige Jahre vorher im Spätsommer eine bis zu 12 m höhere Firndecke als 1947 angetroffen. Dieser lokalen enormen Anschwellung der Firnoberfläche folgte jetzt eine kräftige Erniedrigung nach. Jahresfirnrücklagen wurden bis zu einer Mächtigkeit von 105 cm festgestellt. Die Firndecke 1957/58 besaß eine mittlere Dichte von 0,63. Das Kleine Fleißkees hatte innerhalb der Zeit vom 1. Oktober 1957 bis 30. September 1958 eine ansehnliche „Gletscherspende" geboten und damit erheblich an Masse verloren.

Der Zungenrückgang des Kleinen Fleißkeeses hielt bis September 1959 an. Er betrug rechts 17,5 und links 27,0 m. An der Nordostkante der Goldbergspitze lag die Oberfläche des Firnfeldes um 0,5 bis 1,8 m tiefer als im Vorjahr. An der Süd- und Westseite des Gipfelaufbaues des Sonnblick und in der Pilatusscharte blieb die Firnoberfläche im wesentlichen unverändert. Auf inneren Teilen des Firnfeldes wurden Jahresfirnreste bis zu 170 cm beobachtet. Bohrprofile ließen eine Durchschnittsdichte des Firnes der Ablagerungsperiode 1958/59 von 0,63 ableiten.

Tabelle 2. Vertikaländerung der Oberfläche und Horizontalbewegung im Zungengebiet des Kleinen Fleißkeeses. (Profil in rund 2590 m.) Die erste Zahl bezieht sich auf die Zeit zwischen 1. September 1956 und 2. September 1958 (zwei Jahre) und die zweite auf die Zeit zwischen 2. September 1958 und 2. September 1959

Stein Nr.	Vertikaländerung in m		Horizontalbewegung in m	
	1956/58	1958/59	1956/58	1958/59
8	− 3,1	− 1,71	2,0	0,7
7	− 5,5	− 2,34	5,6	1,7
6	− 4,1	− 2,51	5,3	2,6
5	− 4,3	− 2,75	7,3	2,8
4	− 3,8	− 2,94	6,5	3,8
3	− 3,7	− 2,08	6,7	3,2
2	− 2,6	− 2,36	4,2	2,0
1		− 0,10 (seit 1954)		3,8 (seit 1954)

Die sehr starke Dickenabnahme der Zunge des Kleinen Fleißkeeses hängt mit der zunehmenden Abschnürung der Gletschermasse an dem Steilabfall in einer Höhe von ca. 2750 m zusammen, die den Eisnachschub von oben her ständig verringert. Für den Kleinen Fleißgletscher wurde eine geringfügig negative Jahreseisbilanz 1958/59 berechnet.

Wurtenkees[4]) und Überreste des Neunerkeeses

Das Wurtenkees (Bild 2) zeigte starke Rückzugstendenzen und zwar von 1956 auf 1958 rechts von 40,2 und links von 33,4 m und von 1958 auf 1959 von 0,4 und 20,8 m. Die Altschneefelder, die vom Alteck gegen das Wurtenkees ziehen, vergrößerten sich gegenüber den letzten Jahren. Die von der Niederen Scharte in das Wurtenkees einmündende Schneerinne verbreiterte sich deutlich nach beiden Seiten.

---

[4]) Siehe Bildtafel (unten): Wurtenkees mit breiter Mittelmoräne, gesehen vom Gletschervorland am 4. September 1959. Links: Alteck 2942 m. Mitte: Niedere Scharte. Rechts: Goldbergtauernkogel 2775 m.

Die Überreste des Neunerkeeses vermochten sich zu behaupten. Die drei tiefst gelegenen Eisschilde und die „Wintergasse" ließen in den letzten drei Jahren keineswegs auf eine Verkleinerung schließen. Das von der Niederen Scharte nach Norden ziehende Firnfeld weitete sich nach Osten aus. Seine Längenerstreckung blieb jedoch unverändert.

Pasterzengletscher

Die Pasterze büßte im Ablauf des Glazialjahres 1956/57 an Eissubstanz ein. Am Ende der Ablationszeit in der Nivalregion wurden auf dem Hauptfirnfeld des Pasterzengletschers Jahresfirnrücklagen mit einem Wasserwert von 9,8 Millionen m³ ermittelt. H. Paschinger (schriftliche Mitteilung) stellte unterhalb der Firnlinie einen Massenverlust von 25,5 Millionen m³ Eis fest. Dieser Eisschwund im Zungenbereich entspricht einer Wassermenge von rund 20 Millionen m³. Die Pasterze bot damit zum Vorteil der Wasserkraftwerke eine ansehnliche Gletscherspende von 10 Millionen m³ Schmelzwasser.

Die Firnflächen besaßen ebenso wie 1956 nur wenig Spalten. An vielen Stellen wurde beobachtet, daß die Firndecken nach den Seiten ausgriffen. Bezüglich der Zungenbewegung wird auf die alljährlichen Veröffentlichungen der Ergebnisse der Gletschermessungen des Österreichischen Alpenvereins in seinen Mitteilungen verwiesen.

Die Dichtewerte der Jahresfirnrücklagen 1956/57 — maximal bis 2,75 m mächtig — beliefen sich im Durchschnitt auf 0,60.

Die Pasterze gab im Ablauf des Glazialjahres 1957/58 (1. Oktober 1957 bis 30. September 1958) nur mehr eine geringe Gletscherspende ab. Auf den Speicherflächen der Pasterze wurden am Ende der Abschmelzzeit Firnreste der Ablagerungsperiode 1957/58 mit einem Wasserwert von 2,5 Millionen m³ erkannt. H. Paschinger (schriftliche Mitteilung) leitete für den Zungenbereich der Pasterze einen Massenverlust von 7,2 Millionen m³ Eis, also 5,8 Millionen m³ Wasser ab. Daraus ergibt sich für die Pasterze für die Zeit vom 1. Oktober 1957 bis 30. September 1958 eine negative Jahresbilanz von 3,3 Millionen m³ Wasser. Die Eisabgabe des Pasterzengletschers hatte sich damit gegenüber 1957 zum Nachteil des Wasserspeichers Margaritze etwas verringert.

Das starke Einsinken der Zungenteile der Pasterze wurde im Verlauf des Glazialjahres 1957/58 stark gebremst. Das Zungenquerprofil der Pasterze „Sattel-Linie" nahe dem Zungenende sank wohl nach H. Paschinger im Mittel um 6,0 m ein, das Profil „Seeland-Linie" von der Hofmannshütte quer über den Gletscher nahm nur mehr um 0,3 m ab und das Profil „Burgstall-Linie" schwoll bereits um 0,3 m im Durchschnitt an. Die Erhöhung der Eisoberfläche knapp unterhalb der Firnlinie und eine beobachtete deutliche Zunahme der Geschwindigkeit des Eisfließens gingen fraglos auf die verbesserte Ernährung der Firnflächen des Gletschers zurück. Derartige Erscheinungen wurden auf der Pasterze seit Jahrzehnten nicht mehr beobachtet.

Bemerkenswert an dem Zustand großer Teile des Pasterzenfirngebietes war vor allem auf dem Riffelwinkel die noch immer vorhandene Spaltenarmut. Die Nebengletscher der Pasterze an der Nordflanke zeigten an vielen Stellen deutliche Spuren vermehrter Eiskalbungen an Felsabstürzen.

Im Ablauf des Glazialjahres 1958/59 (1. Oktober 1958 bis 30. September 1959) gab der Pasterzengletscher überhaupt keine „Gletscherspende" ab. Am Ende der Ablationszeit 1959 wurden im Nährgebiet übriggebliebene Firnmassen der Akkumulationsperiode 1958/59 von durchschnittlich 0,9 m Mächtigkeit und einer mittleren Dichte von 0,6 bestimmt. Die Jahresfirnrücklage 1958/59 enthielt rund 7,3 Millionen m³ Wasser. Das Zungengebiet verlor während des Glazialjahres 1958/59 nach H. Paschinger (schriftliche Mitteilung) 2,0 Millionen m³ Eis, das sind 1,6 Millionen m³ Wasser. Die Pasterzenzunge hatte schon seit langer Zeit keine so geringen Massenverluste wie 1958/59 erlitten.

Die Eisbilanz der Pasterze 1958/59 wurde damit nicht unbeträchtlich positiv. Der Pasterzengletscher erfuhr also innerhalb des Zeitabschnittes 1. Oktober 1958 bis 30. September 1959 einen Massenzuwachs von 5,7 Millionen m³ Wasserwert. Infolge etwas übernormaler Niederschläge innerhalb des Glazialjahres 1958/59 sank der Wasserzufluß in den Margaritzenspeicher nicht unter den langjährigen Jahresregelwert ab.

Die Sammelräume des Pasterzengletschers waren noch immer spaltenärmer als vor 10 Jahren. Auf dem inneren Glocknerkarkees und auf dem Teufelskampkees ließen sich eine Reihe ansehnlicher Eiskalbungen feststellen.

Karlingerkees

Der Zungenrest unterhalb des neuen Zungenendes schmolz in der Waagrechten von 1956 auf 1957 um 3 bis 7 m zurück. Das Firnfeld und die Gletscherzunge blieben nach den Seiten hin durch anschließende Altschneefelder weiterhin ausgeweitet. In der Nähe der Riffelscharte erreichten die Firnüberreste der Glazialperiode 1956/57 2 m. Das Karlingerkees erfuhr von 1956/57 keinen Substanzverlust, sondern einen geringen Zuwachs, was sich auch in einem unternormalen Wasseranfall im Mooserbodenspeicher auswirkte.

Im Glazialjahr 1957/58 blieb das Resteis unterhalb des felsigen Steilabfalles weiter erhalten. Es wurde zum Teil durch Eisabbrüche von oben her geschützt und genährt. Die schneeigen Ausweitungen an den Seiten des Karlingerkeeses blieben größtenteils erhalten. Der Eishaushalt dürfte von 1957 auf 1958 keine deutliche Einbuße erlitten haben. Darauf deutet auch der ungefähr durchschnittliche Wasserzufluß in die Speicheranlage auf dem Mooserboden hin.

Im September 1959 zeigte das vom Gletscherkörper durch den Felsabsturz getrennte Resteis im Talschluß der Kaprunerache einen Horizontalschwund bis zu 9 m. Ebenso wie im Vorjahr wurden im Ablauf eines Tages mehrere Eisabbrüche beobachtet. In einer Verflachung des felsigen Absturzes erfolgte die Neubildung eines Eisschildes. Die Firnanlagerungen an beiden Seiten der Zunge des Karlingerkeeses waren noch immer nicht völlig abgeschmolzen.

Die Eisbilanz 1958/59 mußte im wesentlichen gleich geblieben sein. Der unternormale Wasserzufluß im Mooserbodenspeicher in der Zeit vom 1. Oktober 1958 bis 30. September 1959 war wohl darauf zurückzuführen, daß im ganzen Bereich des Einzugsgebietes der Kaprunerache die Niederschläge unter dem langjährigen Mittel blieben.

Grießkoglkees

Die unteren Teile des Grießkoglkeeses (Abb. 3) befanden sich im September 1957 im Vorrückungsstadium. Alle Vorlandmarken lagen unter einer verfestigten Firndecke. An der Hilfsmarke B wurde eine Vorwärtsbewegung des unteren Zungenrandes von 7,7 m einwandfrei festgestellt. Das Grießkoglkees erzielte im Glazialjahr 1956/57 ebenso wie im Jahr vorher einen ansehnlichen Massengewinn. An das Zungenende schlossen weit herabreichende Firnfelder an.

1958 erwies sich das Zungenende bei Marke A gegenüber 1956 stationär, bei B und C war es um 5,4 und 9,7 m zurückgewichen. Das Grießkoglkees hatte zweifellos 1957/58 eine deutliche Gletscherspende abgegeben, die allerdings wegen der etwas unternormalen Niederschläge während des Glazialjahres 1957/58 im Speicher Mooserboden nicht als deutlich sichtbares Zusatzwasser eingenommen wurde.

Abb. 3. Hocheiser von der Unteren Bärenleiten am 21. September 1959. Links Eiserkees und rechts Grießkoglkees.

Abb. 4. Schwarzköpflkees vom Südrand des Grießkoglkees. Aufnahme am 20. September 1959. Bildmitte: Großer Bärenkopf 2400 m.

1959 deutete der untere Rand des Grießkoglkeeses allgemein wieder ein schwaches Vorrücken an und zwar bei Marke A um 1,4, bei B um 2,9, bei C um 5,2 und bei D um 2,0 m. Das Ausmaß und die Mächtigkeit der an die breite Zungenfläche anschließenden Altschneefelder hatten sich gegenüber 1958 deutlich verringert. Der Eishaushalt des Gletschers zeigte eine deutliche Zunahme. Das Einbehalten beträchtlicher Firnrücklagen und der Zungenvorstoß bildeten teilweise die Ursache, daß in der Zeit vom 1. Oktober 1958 bis 30. September 1959 in den Mooserbodenspeicher Wasserzuflüsse erfolgten, die nicht das Normalmaß erreichten.

Schwarzköpflkees

Das Zungengebiet des Schwarzköpflkeeses (Abb. 4) besitzt mit dem Firnfeld nur mehr an der Ostseite direkte Eisverbindung. Zwischen 1957 und 1959 ist diese jedoch fast unverändert geblieben. Auf die westlichen Zungenteile fielen verstärkt Eismassen vom Gletscherrand oberhalb der Felsstufe.

Tabelle 3. Lageänderung der Zunge des Schwarzköpflkeeses bei einzelnen Gletschermarken in m.

	A nach S	nach SE	B	C	D
1957	+ 2,4	− 1,3	− 11,1	− 8,0	− 18,3
1958	− 6,8	− 10,5	− 15,1	− 8,2	− 24,4
1959	− 0,6	+ 0,3	+ 6,7	− 4,0	− 1,5

Während die Ernährungsverhältnisse auf dem Firnfeld des Schwarzköpflkeeses sich in den letzten Jahren auffällig verbesserten — eine Folge davon ist auch die Zunahme der Eiskalbungen im westlichen Gletscherbereich — wurde die Rückverlagerung des Zungenendes erst 1959 etwas gebremst.

Schmiedingerkees

Im Ablauf des Glazialjahres 1956/57 lagerte das Schmiedingerkees in inneren Teilen des Firnfeldes bis zu 170 und an den Rändern bis 300 cm Firnreste auf. Die Zunge wich links um 7,2 und rechts um 0,1 m zurück. Der Massenhaushalt erzielte von 1956 auf 1957 zweifellos einen ansehnlichen Überschuß.

Im darauffolgenden Jahr 1957/58 verlor das Schmiedingerkees wieder bedeutend an Eissubstanz. An Jahresfirnrücklagen wurden nur 20 bis 30 cm erkannt. Die Zunge wanderte links um 10,2 und rechts um 9,8 m zurück.

Im Glazialjahr 1958/59 verkürzte das Schmiedingerkees weiter sein Zungenende. Die Rückverlagerung des Zungenendes erreichte links 15,3 und rechts 8,7 m. Das Einsinken der Zungenfläche in der Vertikalen betrug bis zu 1,0 m. In den zentralen Teilen des Firnfeldes wurde eine Jahresfirnrücklage von 60 bis 90 cm und an den Rändern zwischen 0,7 und 3,4 m festgestellt. Die Abschmelzverluste des Schmiedingerkeeses im Zungengebiet dürften im Glazialjahr 1958/59 ungefähr dem Massenzuwachs auf den Speicherflächen entsprochen haben.

Prognose des künftigen Verhaltens der Gletscher der Sonnblick- und Glocknergruppe

Die glazialmeteorologischen Elemente begannen nunmehr wieder (vgl. Abb. 1) gletscherungünstig zu werden. Die Folgen zeigen sich in den jährlichen Eisbilanzen der Gletscher noch nicht deutlich, doch dürften die kleineren, rasch auf Änderungen der meteorologischen Verhältnisse reagierenden Gletscher bald darauf ansprechen und die größeren etwas später. Damit brauchen die auf Wassernutzung beruhenden hochalpinen Kraftwerke keine wesentlich positive Jahresbilanz der Gletscher zu befürchten, die eine Verminderung der Wasserzuflüsse bedeuten würden (3).

Literatur

[1] H. Tollner, Stehen die Ostalpengletscher vor einer Änderung ihres Verhaltens? Wetter und Leben *8* 124 (1956).
  H. An der Lan, Zur Witterung des Sommers 1956 im Tiroler Hochgebirge. Wetter und Leben *9*, 14 (1957).
[2] H. Tollner, Bericht über die Eisstände der Gletscher des Großglockner- und der Sonnblickgruppe im Frühherbst 1954, 1955 und 1956. Jahresbericht des Sonnblick-Vereines *51—53*, 33 (1957).
[3] H. Tollner, Die Folgen des Rückganges österreichischer Gletscher auf die Wasserspeicherung hochalpiner Wasserkraftwerksanlagen. Jahresbericht des Sonnblick-Vereines *51—53*, 38 (1957).

Das Sonnenobservatorium Kanzelhöhe der Universität Graz

Von Hermann Haupt

Mit 3 Textabbildungen

1. Die Erbauung des Observatoriums und seine Entwicklung bis 1959

Während des zweiten Weltkrieges schien es besonders wichtig, den bereits erkannten Einfluß verschiedener veränderlicher Erscheinungen der Sonne auf die Funk-

Abb. 1. Das Sonnenobservatorium Kanzelhöhe mit den Türmen 1 (links) und 2 (rechts).

ausbreitung genauer zu untersuchen. So wurden in den kriegführenden Ländern allenthalben Sonnenobservatorien gegründet. Auch die damalige deutsche Luftwaffe entwickelte ein reiches Forschungsprogramm und erbaute unter beträchtlichem Kostenaufwand eine Reihe von Stationen, von denen das Observatorium Kanzelhöhe am besten ausgestattet war. Für die Kanzelhöhe (1500 m Seehöhe) entschied man sich erstens wegen der bequemen Zugänglichkeit durch die Drahtseilbahn und zweitens wegen der ungemein günstigen klimatischen Lage in der Mittelgebirgsregion der Südalpen. Tatsächlich weist die Kanzelhöhe schon seit Jahren mit nur vereinzelten Ausnahmen die größte Sonnenscheindauer von ganz Österreich auf, welche jährlich über 2000 Stunden beträgt.

So wurde in den Jahren 1941/42 um rund eine Million Mark das Hauptgebäude des Observatoriums mit den beiden Türmen 1 und 2 erbaut und mit den modernsten Instrumenten ausgestattet (Abb. 1). Außerdem war am Gipfel der Gerlitzen (1900 m) der Bau eines weiteren Turmes für die Koronabeobachtung begonnen worden. Nach Kriegsende wurde das Observatorium von der englischen Besatzungsmacht übernommen. Damals war der während des Krieges begonnene Gipfelbau vom Militär besetzt. Da sich aber eine Beobachtungsstelle auf der Gerlitzen als notwendig erwies, wurde dank der tatkräftigen Hilfe von Prof. Atkinson aus Greenwich von britischen Pionieren ein neues Gebäude am Gipfel errichtet und das Koronographenrohr von der Kanzelhöhe auf die Gerlitzen gebracht. Dieses Gebäude (Turm 4) heißt heute Atkinsonturm, während der ursprüngliche Bau (Turm 3) nach der Freigabe durch die englischen Truppen als Unterstandsraum für die Beobachter eingerichtet wurde (Abb. 2). Schließlich übergaben die englischen Besatzungsbehörden das Observatorium der Universität Graz, wo es als eigenes Universitätsinstitut geführt wird. Dem langjährigen Vorstand, Univ.-Prof. Dr. O. Mathias, ist es nach vielen Bemühungen gelungen, den anfänglich nur geringen Personalstand zu erhöhen, so daß heute drei Wissenschaftler, ein technischer Angestellter und ein Hausmeister am Observatorium arbeiten, während ein Mechaniker in Graz für die Universitäts-Sternwarte daselbst und für das Sonnenobservatorium tätig ist.

2. Aufgaben und Arbeitsweise des Observatoriums

Das Observatorium war als Beobachtungsstelle für eine möglichst intensive Überwachung der Sonne errichtet worden und wird auch heute noch in erster Linie dazu verwendet.

Die Sonne, der uns nächste Fixstern, zeigt eine Reihe ständig veränderlicher Erscheinungen, die zum größten Teil nur mit besonderen Hilfsmitteln sichtbar gemacht werden können, deren Auswirkungen aber für uns von größter Bedeutung sind. Darum ist Vorsorge getroffen, daß die Sonne in allen ihren Schichten laufend beobachtet wird.

Im Hauptgebäude auf der Kanzelhöhe wird die Licht und Wärme spendende tiefste Schicht der Sonne, die Photosphäre, beobachtet. Durch zwei Spiegel in der Kuppel von Turm 1, von denen der eine den ganzen Tag über elektrisch der Sonne nachgeführt wird, werden die Sonnenstrahlen in einen Kellerraum geworfen und dort auf weißes Papier projiziert. Hier sieht man die nach Größe und Zahl ständig wechselnden Sonnenflecken (Abb. 3a). Es sind dies dunklere und kühlere Stellen in der sonst rund 6000° heißen Sonnenoberfläche, welche täglich infolge der Rotation der Sonne weiterwandern. Da sie außerdem eine begrenzte Lebensdauer haben, die von wenigen Stunden bis zu mehreren Wochen reicht, zeigt uns die Sonne ein immer neues, sich niemals wiederholendes Aussehen. Täglich werden die Flecken mindestens einmal gezählt und ihre Positionen auf der Scheibe bestimmt.

Über der eben erwähnten Schicht der Sonne liegt eine nur schwach leuchtende höhere, die Chromosphäre, die im Labor des Observatoriums durch ein besonderes Instrument, das Spektrohelioskop, sichtbar gemacht wird. Hier werden die Sonnenstrahlen in die Spektralfarben zerlegt und die Sonne wird nur im Lichte einer bestimmten

Abb. 2. Die Gipfelstation Gerlitzen (1911 m) mit dem Atkinson-Turm (rechts) und Turm 3 (links).

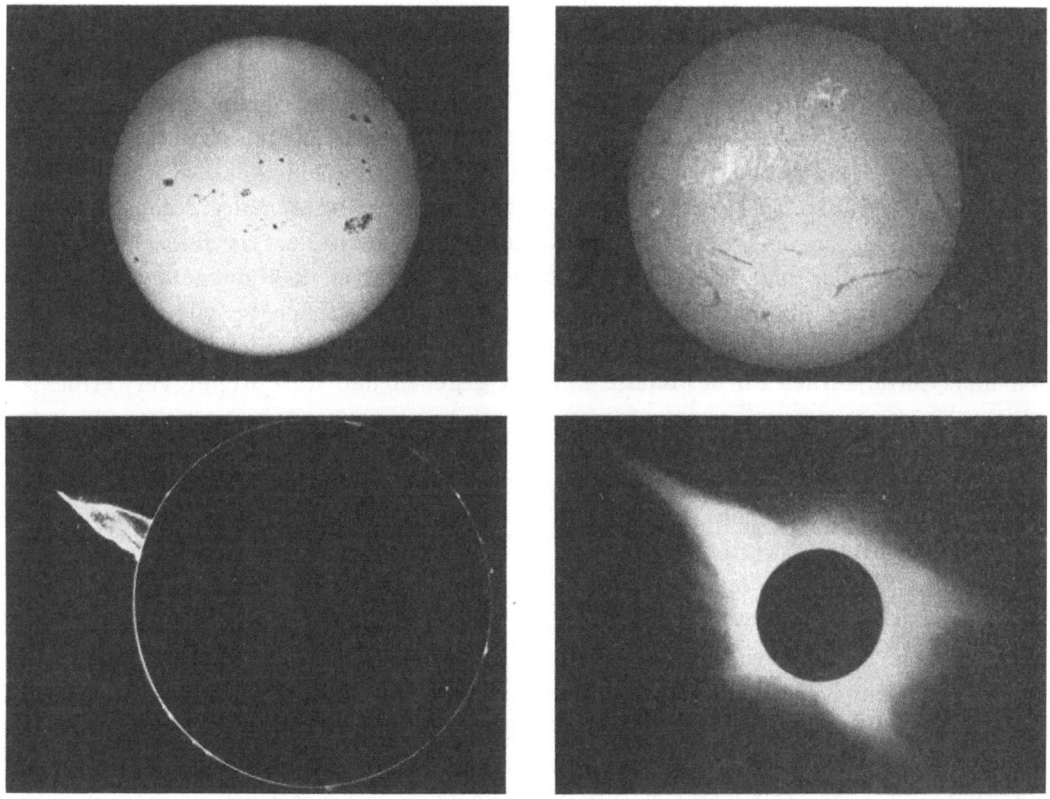

Abb. 3. Aufnahmen der Sonne. a) Fleckengruppen am 31. August 1959, 8ʰ30ᵐ (Weltzeit). b) Sonnenchromosphäre mit Fackeln und Filamenten. Lyotfilter-Aufnahme vom 8. Februar 1959, 13ʰ40ᵐ (Weltzeit). c) Aufsteigende Protuberanz am 11. April 1959, 9ʰ16ᵐ, 400.000 km hoch (bei abgedeckter Sonnenscheibe). d) Sonnenkorona während der totalen Finsternis am 25. Februar 1952 in Khartoum.

Spektrallinie, vorwiegend im roten Bereich, beobachtet. Neuerdings dient demselben Zweck ein besonders konstruiertes Rotfilter (Lyotfilter) in Verbindung mit einem Fernrohr in Turm 2, das das Observatrium während des Internationalen Geophysikalischen Jahres anschaffen konnte (Abb. 3 b und 3 c). Im roten Licht sieht man auf der Sonne einerseits die Protuberanzen, welche flammenartig über den Rand hinausragen oder sich als dunkle Fäden (Filamente) auf der Scheibe zeigen. Anderseits merkt man, daß die ganze Oberfläche reich strukturiert ist. Hellere Stellen, die Fackelgebiete, werden manchmal so intensiv hellrot, daß wir von einem Strahlungsausbruch oder einer Eruption sprechen. Diese Eruptionen sind es in erster Linie, die während ihres Auftretens auf der Erde den Empfang von Kurzwellen unterbrechen und in weiterer Folge Nordlichter und magnetische Störungen hervorrufen. Darum ist die Erfassung ihrer Dauer und Stärke von großer Bedeutung.

Die äußerste Hülle, welche in Form eines Strahlenkranzes von Zungen und Bogen die Sonne umgibt, nennen wir Korona (Abb. 3 d). Diese wiederum sehr heißen und stark verdünnten Gase können normalerweise nur bei einer totalen Sonnenfinsternis gesehen werden. Doch besteht im Koronographen am Gerlitzen-Gipfel die Möglichkeit, wenigstens die innere Korona sichtbar zu machen. Hier wird durch Einsetzen einer Blende im Brennpunkt eines Fernrohres eine künstliche Sonnenfinsternis erzeugt und das schwache Licht dieser hochreichenden Schichten außerdem noch spektral zerlegt. So oft wie möglich wird die Korona im grünen Licht beobachtet und ihre Stärke entlang des Sonnenrandes gemessen. Infolge ihrer hohen Temperatur von über 1,000.000⁰ ist die Korona auch eine besondere Quelle solarer Radiostrahlung.

Aus dem bisher Gesagten geht schon hervor, daß eine rasche Bekanntgabe der auf der Sonne festgestellten Störungen von besonderer Wichtigkeit ist. Vor allem die Rundfunkstationen, Flughäfen usw. sind an einer Voraussage der Sonnentätigkeit sehr interessiert. Weil diese noch nicht mit gewünschter Genauigkeit gegeben werden kann, so muß wenigstens getrachtet werden, Berichte über die augenblickliche Lage möglichst schnell zu verbreiten. Diesem Zweck dient ein enges internationales Nachrichtennetz. So gibt auch das Sonnenobservatorium Kanzelhöhe über die Post an zahlreiche in- und ausländische Stellen und Zentralen täglich seine Meldungen über Sonnenflecken, Eruptionen und Korona und bekommt seinerseits wieder die Meldungen aller anderen Stationen aus der ganzen Welt. Ausführliche schriftliche Berichte werden dann noch monatlich und vierteljährlich an bestimmte Zentren gegeben und dort weiter verwertet.

3. Das Oberservatorium im Geophysikalischen Jahr

Eine besondere Bedeutung kam dem Observatorium natürlich während des vergangenen Geophysikalischen Jahres zu. Weil die Sonnentätigkeit in einem etwa 11jährigen Zyklus schwankt, wurde dieses Jahr intensiver, gemeinsamer Forschungsarbeit auf die Zeit des Maximums der Sonnenaktivität festgesetzt. Tatsächlich ereignete sich das Maximum um die Jahreswende 1957/58. Die weit verzweigten Aktivitäten dieses Großunternehmens der Wissenschaft wurden praktisch von den Sonnenobservatorien gesteuert. Auf Grund von Beobachtungen besonderer Ereignisse auf der Sonne, vorwiegend Eruptionen, wurde sofort ein Alarmsystem in Funktion gesetzt, das die meteorologischen, magnetischen und ionosphärischen Beobachtungsstationen zu erhöhten Leistungen aufrief. Während dieser Zeit waren naturgemäß die vom Observatorium zu gebenden Meldungen noch häufiger und umfangreicher. Neben der Überwachung auf chromosphärische Eruptionen wurde großes Gewicht auf die Koronabeobachtung gelegt, für die zur Zeit nur neun Koronographen auf der ganzen Welt eingesetzt sind. Den vereinigten Anstrengungen der Beobachter war ein schöner Erfolg beschieden: Während des Geophysikalischen Jahres wurden an 270 Tagen (das sind 49,2 Prozent aller möglichen) Koronabeobachtungen erhalten, womit das Observatorium Kanzelhöhe an erster Stelle aller Stationen der Erde rangiert.

Zweifellos wird es noch Jahre dauern, bis auch nur die wichtigsten Ergebnisse des Geophysikalischen Jahres zusammengefaßt im Druck erscheinen werden. Aber jetzt schon dürfen wir sicher sein, daß auch das Observatorium Kanzelhöhe einen wesentlichen Beitrag geleistet hat zum Verständnis der Zusammenhänge zwischen irdischem Geschehen und den Vorgängen auf unserer Sonne.

(Aus dem Speläologischen Institut, Wien)

Klimatologie im Dienste der Karstforschung

Arbeiten des Speläologischen Institutes im Dachsteingebiet

Von Fridtjof Bauer

Mit 4 Textabbildungen

Ein wesentlicher Teil des österreichischen Bundesgebietes wird von Hochgebirge eingenommen, welches die wirtschaftlichen Möglichkeiten des Lebensraumes unserer Heimat prägt. Neben den indirekten Auswirkungen auf Industrie, Handel und Verkehr sind es vor allem landeskulturelle und wasserwirtschaftliche Probleme, die im Hochgebirgsraum selbst begründet sind und die Wirtschaft vor schwierige Aufgaben stellen.

Den aus kristallinen Gesteinen aufgebauten Zentralalpen sind im Norden und Süden die Kalkalpen vorgelagert, die sich nicht nur im geologischen Bau und in der Oberflächengestalt, sondern auch in Klima, Boden, Vegetation und vor allem in der Hydrographie scharf vom Zentralalpenbereich unterscheiden. In diesen Kalkgebirgen, welche rund ein Sechstel des österreichischen Bundesgebietes umfassen, ist nun ein Prozeß im Gange, der für ihre Oberflächenentwicklung (mit Boden und Vegetation) und Hydrographie bestimmend wird: die Verkarstung.

Der Begriff „Karst" stammt aus den Kalkgebieten des heutigen Jugoslawien. Er beinhaltet die Summe aller jener Erscheinungen, die der lösenden Wirkung des Niederschlagwassers auf Karbonatgesteine (Kalk und Dolomit) ihre Bildung verdanken. In unseren Bereichen sind vor allem Karren und Dolinen die bekanntesten Karsterscheinungen der Oberfläche. In der Tiefe der Karstmassive, mit Ausnahme der wenigen bekannten Höhlen der direkten Beobachtung entzogen, sind es die unterirdischen Karstwasserwege, die das wesentlichste und eigentlich grundlegende Merkmal des Karstes darstellen. Diese Erscheinungen als Auswirkungen des stetig wirkenden Karstprozesses bestimmen nun Richtung und Dynamik aller anderen in Karstgebieten wirkenden Teilprozesse, vor allem die Entwicklung von Boden, Vegetation und Hydrographie.

Zwei wirtschaftliche Interessenrichtungen sind es, die im Karstgebirge direkte Nutzungsmöglichkeiten zu erwarten haben: die auf Boden und Vegetation begründete Wald- und Weidewirtschaft und die auf den hydrographischen Verhältnissen aufbauende Wasserwirtschaft. Die Planung und Durchführung wirtschaftlicher Maßnahmen, besonders wenn sie Eingriffe in den Naturhaushalt mit sich bringen, ist aber ohne Kenntnis ihrer Voraussetzungen und Erfolgsaussichten undenkbar. Die exakte Erforschung der

Grundlagen wird zur unabdingbaren Notwendigkeit. Deshalb wurde das Speläologische Institut (Vorstand Sekt. Chef i. R. Dr. R. Saar) des Bundesministeriums für Land- und Forstwirtschaft mit der Erforschung des alpinen Karstes mit allen seinen Erscheinungen, seinen Ursachen und seiner Entwicklung beauftragt.

Das Wasser spielt auf Grund seiner Lösungsfähigkeit im Karstprozeß eine zentrale Rolle. Gemeinsam mit den anderen Klimafaktoren bestimmt es die Ausbildung des Karstreliefs und der hydrographischen Verhältnisse, welche zusammen den Rahmen für die Entwicklung von Boden und Vegetation geben. Die Erfassung aller Klimafaktoren und die Klärung ihrer Auswirkungen auf Oberflächengestalt, Hydrographie, Boden und Vegetation wird damit zur Hauptaufgabe jedes Karstforschungsprogrammes.

Seit dem Jahre 1954 ist das Dachsteinmassiv, welches den Typus eines alpinen Hochkarststockes mit allen seinen Problemen repräsentiert, das Hauptuntersuchungsgebiet des Speläologischen Institutes. Der Plateaubereich ist durch Seilbahnen leicht erreichbar, am Oberfeld (Gjaidalm, Obertraun) wurde in 1800 m Seehöhe eine Forschungsstation eingerichtet. Das dort eingeleitete klimatische Arbeitsprogramm, das vor allem auf hydrographische und forstwirtschaftliche Probleme ausgerichtet ist, soll hier kurz skizziert werden.

Niederschlagsmessung

In einem ausgeprägten Karstterrain fehlen in der Regel Oberflächengerinne. Das Niederschlagwasser versinkt meist an Ort und Stelle in das Innere des Gebirges und kommt erst nach einem oft langen unterirdischen Weg in Riesenquellen wieder an den

Abb. 1. Plateaubereich zwischen Krippenstein und Speikberg (um 2100 m). Blick gegen Süden über das Plateau „Am Stein" mit Sinabel, Feisterscharte und Eselstein. Die starke Oberflächengliederung, welche das Plateau in ein Mosaik von verschiedenen mikroklimatischen Einheiten auflöst und vor allem exakte Niederschlagsmessungen sehr erschwert, ist deutlich erkennbar.

Tag. Die am Boden auffallenden Niederschlagsmengen fließen jedoch nur zum Teil ab, ein je nach den Gegebenheiten verschieden großer Prozentsatz fällt im Bereich von Boden und Vegetation der Verdunstung anheim. Die exakte Messung der tatsächlichen am Boden auftreffenden Niederschlagsmengen und der Verdunstungsgrößen sind daher neben den getrennt davon erfolgenden Abflußmessungen die vordringlichsten Aufgaben.

Die Erfassung der Niederschläge eines so ausgedehnten und vielfach schwer zugänglichen Gebietes (Abb. 1) wie es das Dachsteinmassiv ist, ist nur mit Totalisatoren möglich. Bisher wurden auf einem rund 5 km² großen Plateau-Areal südöstlich der Gjaidalm acht Totalisatoren (Auffangfläche von 200 cm² etwa 3 m über dem Boden, mit Nipher-Trichtern) aufgestellt, sieben davon in ausgesprochenen Kuppenlagen, einer in der tiefen Mulde des Hirzkares. Ein weiterer wurde in extremer Lage am Krippensteingipfel eingerichtet (Abb. 2). Da die Totalisatoren im Hochgebirge wegen der in Mulden

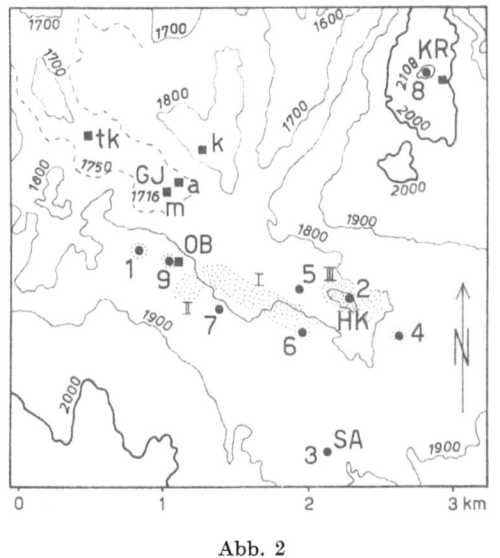

Abb. 2   Abb. 3

Abb. 2. Übersichtsskizze des Untersuchungsbereiches Gjaidalm–Krippenstein. Die Quadrate bezeichnen die Wetterhüttenstandpunkte, die Kreise die Totalisatormeßstellen. Die Kleinregenfänger-Meßfelder I–III sind gepunktet eingezeichnet. KR = Hoher Krippenstein, GJ = Gjaidalm, OB = Oberfeld, SA = Schönbühelalm. Wetterhütten: a = Alm (1737 m), m = Moos (1720 m), tk = Tiefkar (1723 m), k = Kuppe (1827 m), OB = Oberfeld (1832 m). Höhenlage und Aufstellungsart der Totalisatoren und Ombrometer sind aus Tab. 2 zu entnehmen. Die Ombrometer stehen in unmittelbarer Nähe der Stationswetterhütten. Die Station Schönbergalm liegt 2,5 km NE des Krippenstein.

Abb. 3. Kleinregenfänger. Der Ableitungsschlauch führt in eine als Sammelgefäß dienende Flasche. Der auf den Schlauch aufgezogene Blechtrichter verhindert das Eindringen von am Schlauch abfließenden Wasser in die Flasche und dient gleichzeitig als Verdunstungsschutz. Auffangfläche 100 cm!.

auftretenden hohen winterlichen Schneelagen meist nur auf Kuppen aufgestellt werden können und dort größere Windgeschwindigkeiten herrschen, ist anzunehmen, daß sie dort auch geringere Niederschlagswerte liefern, als tatsächlich am Boden anfallen. Zur Feststellung der Fehlbeträge der Totalisatormessungen bei flüssigen Niederschlägen wurden in dem von den acht Totalisatoren erfaßten Bereich in charakteristischen Expositionen (Muldentiefen, Luv- und Leehänge, Kuppen etc.) rund 200 Kleinregenfänger mit 100 cm² Auffangfläche etwa 20 cm über dem Boden aufgestellt.

Das in die Auffangtrichter fallende Regenwasser wird durch ein möglichst kurzes Schlauchstück in eine 1- bis 2-Liter-Flasche geleitet, wobei das am Schlauch außen abrinnende Wasser durch einen aufgeschobenen Schutztrichter, welcher auch als Verdunstungsschutz dient, abgeleitet wird. Kleinregenfänger ähnlicher Konstruktion wurden bereits 1955 in Obergurgl bei der Forschungsstelle der Sektion für Wildbach- und Lawinenverbauung verwendet. Versuche ergaben, daß in den Flaschen gesammeltes Wasser auch bei mehrtägigem warmem Schönwetter keine praktisch meßbaren Verdunstungsverluste erleidet. Die Messung erfolgt mit gewöhnlichen Plastik-Mensuren

($1\text{ cm}^3 = 0{,}1$ mm Niederschlag). In Weidegebieten erwies sich ein Schutz der Gummischläuche gegen den dauernden Verbiß der Schafe, welcher anfangs große Ausfälle verursachte, als notwendig (Abb. 3).

Bei 4 Totalisatoren wurden in den Sommern 1958—1960 mittels Kleinregenfängern die im 10-m-Umkreis tatsächlich am Boden anfallenden Niederschläge gemessen (5—8 Kleinregenfänger pro Totalisator). Es zeigte sich, daß die Abweichungen umso größer sind, je ausgesetzter auf Kuppen die Meßstellen liegen, je größer also die auftretenden Windgeschwindigkeiten sind. Die Tabelle 1 zeigt die in den Sommermonaten 1958—1960 gemessenen Abweichungen. Der Totalisator (2) in der tiefen Hirzkarmulde ist den geringsten Windgeschwindigkeiten ausgesetzt (geringste Abweichung der Meßwerte), während (1) an einer ausgeprägten Windkante steht (größte Abweichung).

Tabelle 1. **Totalisatorfehlanzeigen gegenüber dem im 10-m-Umkreis am Boden anfallenden flüssigen Niederschlag**

In den Klammern sind die im 10-m-Bereich um den Totalisator mit Kleinregenfängern am Boden gemessenen Niederschlagsmengen in Millimetern angegeben. Die Fehlanzeigen der Totalisatoren für den gleichen Zeitraum sind in Prozenten angegeben. Die einzelnen Meßstellen wurden verschieden lange beobachtet, woraus sich die Unterschiede zwischen den angegebenen Niederschlagshöhen ergeben.

Totalisator	1958 VIII./IX.	1959 VII./IX.	1960 VII./IX.	1958—1960
(2) Hirzkar Tiefe	(228,4) −3,6	(247,8) −1,5	—	(476,2) −2,5
(4) Hirzkar Höhe	(318,3) −9.2	(324,1) −2,5	—	(642,4) −5,9
(6) Mitte	(309,1) −10,4	(290,5) −8,6	(569,2) −9,8	(1168,8) −9,6
(1) Lift	(228,1) −13,8	(280,4) −15,9	(520,1) −18,5	(1028,6) −16,8

Aus den Kleinregenfängermeßwerten des Bereiches I (Lift-Mitte) wurde für die einzelnen Meßperioden unter gleicher Berücksichtigung der verschiedenen Expositionen ein Durchschnittswert gebildet, welcher nach den bisherigen Erfahrungen dem Mittel des dort am Boden anfallenden flüssigen Niederschlages entspricht. Zu diesem Mittel wurden nun die während der gleichen Zeitabschnitte mittels Totalisatoren und Ombrometern gemessenen Niederschlagsmengen in Beziehung gesetzt (Tab. 2).

Die größten Fehlbeträge ergab der Gipfeltotalisator des Krippensteins (8) mit rund 30%, dem an zweiter Stelle der an einer ausgesprochenen Windkante stehende Lift-Totalisator (1) mit rund 24% folgt. Ziemlich gleichmäßige Abweichungen (13—16%) zeigen die auf flachen Plateaukuppen stehenden Totalisatoren (5), (6), (7), (3) und (4). Die geringsten Abweichungen ergab der in einer tiefen Mulde stehende Hirzkartotalisator (2) mit rund 5%. Gegenüber den in gleichen Situationen stehenden Plateaukuppentotalisatoren mit Auffangflächen 3 m über dem Boden zeigt der Totalisator vom Landeplatz (9) mit einer Auffangflächenhöhe von 2 m nur einen Fehlbetrag von 8,5%. Von den Ombrometern (Auffangfläche 2 m über dem Boden) entspricht jener der Station Oberfeld (Aufstellung in flacher Mulde) am besten dem Kleinregenfängerdurchschnitt. Die Abweichungen der Ombrometer von Krippenstein und Schönbergalpe schwanken stark (ersterer in einer ausgesprochenen Lee-Situation, letzterer in einem in den Nordabsturz des Dachsteinplateaus tief eingesenkten Kessel), was vor allem in ihrer abweichenden Aufstellung und der großen Entfernung (2, bzw. 4 km) vom Kleinregenfängermeßfeld I begründet ist. Wie diese Messungen ergaben, liefern die Plateaukuppentotalisatoren (5), (6), (7) und (3) ziemlich einheitliche Werte, welche bei flüssigem Niederschlag rund 15% unter dem tatsächlich im zwischenliegenden Bereich am Boden anfallenden Niederschlag liegen.

Tabelle 2. Abweichungen der mit Totalisatoren und Ombrometern gemessenen Niederschläge vom Durchschnittswert des im Kleinregenfängermeßfeld I gemessenen, am Boden anfallenden, flüssigen Niederschlags

In der vorliegenden Tabelle sind für die einzelnen Niederschlagsmeßstellen die für die Kleinregenfänger-Beobachtungsperioden 1958—1960 festgestellten Abweichungen in Prozent angegeben. Als Plateaudurchschnittswert der Kleinregenfänger wurde der Durchschnitt des Beobachtungsbereiches I, „Lift-Mitte", herangezogen (1800—1830 m). In der Spalte „Meßstelle" wurde in Klammer die Nummer des Gerätes laut Kartenskizze gesetzt und die Seehöhe angegeben. O = Ombrometer (500 cm!) ungeschützt, T = Totalisator (200 cm!) mit Niphertrichter, die daneben stehende Zahl gibt die Höhe der Auffangfläche über dem Boden in Metern an. Für die Meßstellen (2) und (4) sind die Werte von 1959 zu hoch (in Klammer gesetzt), was auf stärkere Niederschläge im Bereiche des Hirzkares (welche noch am Krippenstein und beim Bunker wirksam waren) zurückzuführen ist. In der rechten Spalte sind die Mittel der Abweichungen (%) der Beobachtungsperioden 1958, 1959 und 1960 angegeben. (Für die Meßstellen Hirzkar-Tiefe und Hirzkar-Höhe wurden die nicht entsprechenden Werte 1958—1959 in Klammern gesetzt und bei der Bildung des Summendurchschnittes 1958—1960 nicht berücksichtigt.

Meßstelle (Gerät, Seehöhe)	1958 1. VIII.— 29. IX.	1959 18. VII.—7.VIII. 14. VIII.— 8. IX.	1960 3. VII.—8. IX.	1958—1960
Kleinregenf.-Durchschnitt „Lift-Mitte"	363,6 mm	294,7 mm	698,3 mm	
(8) Krippenstein, T 3, 2109 m	—	— 23,6 %	— 33,5 %	— 30.5 %
(1) Lift, T 3, 1835.mm	—	— 20,5 %	— 25,0 %	— 24,0 %
(5) Bunker, T 3, 1800 m	— 15,3 %	— 6,8 %	— 16,6 %	— 14,1 %
(6) Mitte, T 3, 1810 m	— 15,0 %	— 13,0 %	— 18,5 %	— 16,4 %
(7) Rumplerbrunn, T 3, 1810 m	— 8,7 %	— 26,3 %	— 14,0 %	— 15,2 %
(3) Schönbühel-A., T 3, 1897 m	—	—	— 16,2 %	— 16,2 %
(4) Hirzkar-Höhe, T 3, 1861 m	— 12,5 %	(+ 3,4 %)	— 13,9 %	— 13,4 %
(2) Hirzkar-Tiefe, T 3, 1750 m	— 7,7 %	(+ 4,0 %)	— 4,2 %	— 5,4 %
Schönberg-A., O 2, 1350 m	— 17,6 %	— 12,7 %	— 4,6 %	— 9,9 %
Krippenstein, O 2, 2066 m	+ 0,4 %	— 9,2 %	+ 0,9 %	— 1,4 %
Oberfeld, O 2, 1827 m	— 1,4 %	+ 2,4 %	— 2,7 %	— 1,2 %
(9) Landeplatz, T 2, 1837 m	—	—	— 8,5 %	— 8,5 %

Für die Zeit vom 7. Jänner 1959 bis 30. September 1959 wurden die Werte der einzelnen Totalisator- und Ombrometermeßstellen mit dem Mittelwert der Plateaukuppentotalisatoren verglichen (Tab. 3). Auch hier zeigen sich wieder für die Sommermonate grundsätzlich die gleichen Verhältnisse wie beim Vergleich mit den Kleinregenfängermessungen in den Jahren 1958—1960. Bei überwiegendem Schneeniederschlag sind dagegen die Fehlbeträge auf exponierten Kuppen (Krippenstein) und an Windkanten (Lift) bedeutend höher, während in Mulden- und Leelagen (Hirzkar Tiefe, Ombrometer Krippenstein, Ombrometer Schönbergalm) vor allem durch Schneewehen die Anzeigen viel zu hoch sind.

Da die Plateaukuppentotalisatoren im Sommer (Tab. 2) bereits nur rund 85% des tatsächlich am Boden anfallenden flüssigen Niederschlages anzeigen, so ist im Winter zumindest ein Fehlbetrag von rund 20 bis 30% zu erwarten. Dies würde bedeuten, daß extreme Totalisatoren (wie Krippenstein) bei Schneeniederschlag nur ungefähr 60% und weniger des tatsächlich am Plateau anfallenden Niederschlages anzeigen.

Diese Zusammenstellung zeigt, daß bei der Auswahl der Aufstellungspunkte von Totalisatoren äußerst vorsichtig vorgegangen werden muß. Die Werte von Berggipfeln und aus Mulden stellen stets Sonderfälle dar und können keinesfalls auf die Plateauflächen übertragen werden. Aber auch scheinbar in gleicher Exposition aufgestellte Meßgeräte können auf Grund lokaler Oberflächenverhältnisse stark voneinander abweichen. Grundsätzlich sollen immer Standorte gewählt werden, welche für den Gesamtbereich repräsentativ sind. Auch dürfte in keinem Fall mit einer einzigen Meßstelle für einen größeren Bereich das Auslangen gefunden werden. Das unregelmäßige Relief von Karstplateaus (Wechsel von Kuppen und Mulden) erfordert die Aufstellung auf gleichartigen, möglichst gleichmäßig ausgebildeten Kuppen. Aus den dort gewonnenen Werten kann aber der tatsächlich am Boden des Gesamtbereiches anfallende Niederschlag nur unter Berücksichtigung der mittels der Kleinregenfänger erfaßten Korrekturwerte errechnet werden. Dieser beträgt bei flüssigen Niederschlägen für die Plateaukuppentotalisatoren im Bereiche südöstlich der Gjaidalm rund 15%.

Tabelle 3. **Vergleich der Ombrometer- und Totalisatormeßwerte vom 7. Jänner bis 30. September 1959**

Abweichungen der Meßwerte der einzelnen Totalisatoren und Ombrometer von einem Durchschnittswert von vier Plateautotalisatoren in Prozenten. Die Sommerwerte der beiden Hirzkar-Totalisatoren wurden in Klammer gesetzt, da sie auf Grund stärkerer lokaler Niederschläge zu hoch sind.

Zeitraum	7. I. – 3. VII. 1959	3. VII. – 30. IX. 1959	7. I. – 30. IX. 1959
Durchschnitt der Werte der Plateaukuppentotalisatoren (5), (6), (7) und (3)	558,7 mm = 100%	586,5 mm = 100%	1145,2 mm = 100%
	%-Abweichungen vom Durchschnitt [(5) (6) (7) (3)]		
(8) Krippenstein	− 21,8	− 17,1	− 19,4
(1) Lift	− 13,1	− 8,8	− 10,9
(5) Bunker	− 0,1	+ 5,1	+ 2,6
(6) Mitte	− 3,1	− 1,6	− 2,3
(7) Rumplerbrunn	+ 0,1	− 3,6	− 1,8
(3) Schönbühel-A.	+ 3,1	+ 0,1	+ 1,5
(2) Hirzkar Tiefe	+ 43,9	(+ 22,4)	(+ 32,9)
(4) Hirzkar Höhe	−	(+ 13,8)	−
Ombrometer Schönberg-A.	+ 60,2	+ 6,1	+ 32,5
Ombrometer Krippenstein	+ 23,0	+ 4,0	+ 13,3
Ombrometer Oberfeld	−	+ 11,3	−
Schneeanteil am Niederschlag (ca.)	> 50 %	1%	25 %

Ergeben sich schon bei flüssigen Niederschlägen so bedeutende Abweichungen der Totalisatorwerte vom Plateaudurchschnitt, die aber auf Grund der bisherigen Erfahrungen je nach Exposition, Hauptwindrichtung und -geschwindigkeit annähernd gesetzmäßig bestimmbar sind, so sind bei Schneeniederschlägen die tatsächlichen (am Boden anfallenden) Niederschlagsmengen aus den Totalisatormessungen weitaus schwerer abzuleiten.

Der Schnee wird zum großen Teil über das Meßgefäß hinweggetrieben, der Fehlbetrag ist weitaus größer als bei Regenmessungen. Bei Ombrometermessungen erfolgt vielfach eine Auswehung des bereits im Gefäß gesammelten Schnees, aber auch aus Totalisatoren kann in — wenn auch geringerem Maße — eine Auswehung stattfinden, da kleinere Schneemengen oft längere Zeit auf der Ölschichte schwimmen, bis sie in die Chlorkalziumlösung durchsinken.

Die Massenverlagerungen durch Schneetreiben komplizieren das Schnee-Meßprogramm bedeutend. Schneehöhen von 3 bis 5 m in Mulden und Wächtensituationen stehen solchen von meist unter 1 m an Windkanten und Kuppen gegenüber. Auch können durch Schneewehen die Meßergebnisse von im Leebereich stehenden Niederschlagsmessern verfälscht werden (siehe oben). Bedeutende effektive Verluste entstehen jedoch durch die direkte Verdunstung des Schnees, welche an Föhntagen im Frühjahr beachtliche Werte erreichen kann. In Kuppenlagen können daher Wasserwertverluste der Schneedecke sowohl auf Abwehen, wie auch auf Verdunstung zurückgeführt werden, während z. B. ein gleichbleibender Wasserwert in Muldenlagen durch unveränderte Schneelage, wie auch durch zuerst erfolgte Verdunstung und anschließende Einwehung von Schnee von den Kuppen erklärt werden kann. Kontinuierliche Messungen sind daher erforderlich. Augenfällige Schneelagenveränderungen können an Schneepegeln (im Gjaidalmbereich rund 50 Stück) festgestellt werden, worauf dann das Wasserwertbestimmungsprogramm (mittels Schneestechers) abgestimmt werden muß. Ausgedehnte Meßprogramme sind für die Winter 1961—1964 vorgesehen. Im Gegensatz zum Regenniederschlag erfordert also die Messung des Schnees, bevor dieser überhaupt im Frühjahr zum Abfluß gelangt, ein weitaus umfangreicheres Arbeitsprogramm.

Nach Feststellung der Größe der Abweichungen der Totalisatormeßergebnisse von den tatsächlich am Boden anfallenden Niederschlägen, was ein 2- bis 3jähriges Untersuchungsprogramm erfordert, sollen die Totalisatoren des Gjaidalmbereiches an weit auseinanderliegenden Punkten des gesamten Dachsteingebietes neu aufgestellt werden, um die regionale Verteilung der Niederschläge in einem langjährigen Meßprogramm zu erfassen.

Im Bereiche der Station Oberfeld (Landeplatz) werden ferner Vergleichsmessungen zwischen verschiedenen Regenmessern durchgeführt. In gleicher Höhe (2,50 m über dem Boden) sind nebeneinander 1 Totalisator (200 cm^2, mit Niphertrichter), zwei Ombrometer (500 cm^2 und 200 cm^2) und Kleinregenfänger (100 cm^2) aufgestellt. Am Boden aufgestellte Kleinregenfänger geben die tatsächlich am Boden anfallenden Niederschlagsmengen an. Die Abweichungen vom Bodenniederschlag können zu den Windgeschwindigkeiten (Windschreiber) in Beziehung gesetzt werden. Diese Vergleichsuntersuchungen sind noch nicht abgeschlossen.

Verdunstungsmessung

Bevor das Niederschlagswasser (Regenwasser oder Schneeschmelzwasser) abfließt, bzw. in das Innere des Karstmassivs versinkt, verliert es je nach den vorliegenden Verhältnissen verschieden große Mengen durch Verdunstung an die Atmosphäre. Diese Mengen sind um so größer, je länger das Wasser in Kontakt zur freien Luft zurückgehalten wird. An Felsflächen beträgt der Verdunstungsverlust nur die Menge jener Wasserhaut, welche nach erfolgtem Abfluß an der Oberfläche als Haftwasser zurückgehalten wird. Anders liegen die Verhältnisse bei Boden- und Schuttkörpern, die bedeutende Wassermengen speichern und kapillar dauernd an ihre Oberfläche nachführen können, wo die Verdunstung unter maßgeblicher Beteiligung der Vegetation erfolgt. Ein entsprechendes Versuchsprogramm mit modifizierten P o p o w-Lysimetern (Abb. 4) konnte bisher bereits bedeutende Unterschiede in der Speicher- und Verdunstungsfähigkeit verschiedener Bodentypen aufzeigen (Tab. 4). Infolge des für Hochkarstgebiete typischen Mikromosaiks der verschiedenen Bodeneinheiten und der geringen Mächtigkeit der Böden konnten nur Kleinlysimeteranlagen mit 500 cm^2 Auffangfläche verwendet werden. Die Höhe der Innenzylinder wurde den jeweiligen Erfordernissen angepaßt. Untersucht wurden bisher unbewachsener Moränenschutt, mit Mattenvegetation bewachsene braune Tonböden (rd. 19 cm über 10 cm Schutt), mit Magermatte bewachsene Rendsinen (rd. 8 cm über 10 cm Schutt) und schütter zwergstrauchbewachsener Latschenhumus (rd. 29 cm über 10 cm Schutt). Die Untersuchung von latschenbestandenem Latschenhumus ist mit den verwendeten Kleinlysimetern nicht möglich, da sich die Latschenwurzeln im Boden oft über mehrere Meter erstrecken.

Die Lysimeterversuche wurden im September 1959 (23 Tage mit rd. 76 mm Niederschlag, davon 2 Tage mit 1—5 mm, 3 Tage mit 5—10 mm und 3 Tage mit mehr als 10 mm)

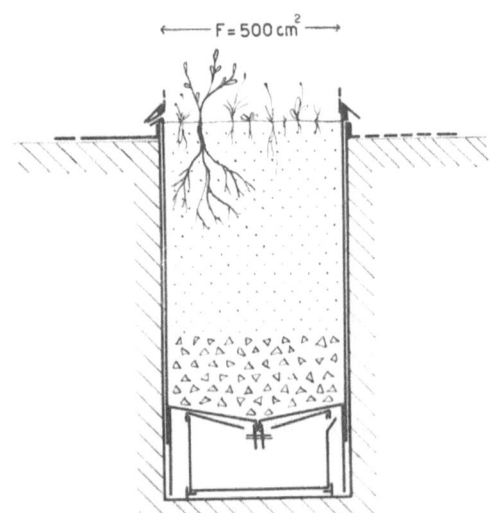

Abb. 4k. Sizze der verwendeten Lysimeteranlagen. Der Innenzylinder wird mit dem Boden gefüllt und kann zur Wägung herausgenommen werden. Sein Abfluß ist mit einem Quetschhahn verschließbar, um Verluste während der Wägung zu vermeiden. Das Durchflußwasser fließt in das Sammelgefäß. Je nach den zu messenden Bodenprofilen wurden Geräte verschiedener Tiefe verwendet.

Tabelle 4. Ergebnisse der Lysimetermessungen 1959 und 1960

Durchfluß, Verdunstung und Veränderung des Wassergehaltes des Bodens in Prozenten des während der Beobachtungszeit gefallenen Niederschlages.

		Schutt unbewachsen	Tonboden mit Mattenvegetation	Rendsina mit Magermatte	Latschenhumus mit Zwergsträuchern
Innenzylinderhöhe cm		30	30	20	40
Bodenfüllung cm		—	18,5	8	29
Schuttfüllung cm		28	10	10	10
Niederschlag 1959		77,2 mm	74,7 mm	74,5 mm	76,4 mm
„ 1960		416,4 mm	422,2 mm	419,0 mm	403,9 mm
% des Niederschlages	Wassergehalt im Boden 1959	− 0,4 %	+ 21,6 %	+ 24,7 %	1,7 %
	„ 1960	− 4,9 %	− 1,6 %	− 1,4 %	− 1,2 %
	Durchfluß 1959	77,3 %	33,5 %	26,0 %	78,0 %
	„ 1960	90,2 %	78,1 %	79,2 %	86,8 %
	Verdunstung 1959	23,1 %	44,9 %	49,3 %	20,3 %
	„ 1960	14,7 %	23,5 %	22,2 %	14,4 %
Zusammenfassung 1959—60	Niederschlag	493,6 mm	496,9 mm	493,5 mm	480,3 mm
	Wassergeh. Boden	− 4,1 %	+ 1,9 %	+ 2,6 %	− 0,1 %
	Durchfluß	88,1 %	71,4 %	71,1 %	85,4 %
	Verdunstung	16,0 %	26,7 %	26,3 %	15,3 %

und im August und September 1960 (54 Tage mit rd. 415,4 mm Niederschlag, davon 7 Tage mit 1—5 mm, 4 Tage mit 5—10 mm und 17 Tage mit mehr als 10 mm) durchgeführt. In der Tabelle 4 wurden die Änderung des Wassergehaltes der Lysimeterfüllungen, der Durchfluß und die Verdunstung in Prozenten des Niederschlages für die beiden Beobachtungsperioden getrennt und auch zusammengefaßt angegeben. Der trockenen Beobachtungsperiode von 1959 steht die niederschlagreiche von 1960 gegenüber. In beiden liegen die Verdunstungsbeträge von Tonboden und Rendsina bedeutend über denen von Schutt und Latschenhumus. Die hohen Speicherwerte (Wassergehalt im Boden) bei Tonboden und Rendsina im Sommer 1959 sind durch Niederschläge gegen Ende der Beobachtungen zu erklären, während vor Beginn der Messungen Trockenheit herrschte.

Die Messungsergebnisse vom zwergstrauchbewachsenen Latschenhumus können nicht auf latschenbewachsenes Terrain übertragen werden. Unter Latschen wird der Durchfluß nach bisherigen Beobachtungen voraussichtlich eine Mittelstellung zwischen Tonboden und Rendsina einerseits und zwergstrauchbewachsenem Latschenhumus andererseits einnehmen. Hierzu sind jedoch noch weitere eingehende Untersuchungen erforderlich, die für die kommenden Jahre vorgesehen sind.

Es muß auch noch berücksichtigt werden, daß bedeutende Niederschlagsmengen überhaupt nicht mit dem Boden in Berührung kommen, sondern vor allem schon im Kronenbereich von Bäumen zurückgehalten werden und dort direkt verdunsten. Im oberen Plateaubereich des Dachsteingebietes spielen in dieser Hinsicht die Latschen eine große Rolle. Die in ihren Ästen zurückgehaltenen Niederschlagsmengen werden durch Wägung von abgeschnittenen Latschenbüschen vor und nach Regenfällen bestimmt.

Die Messungen von Verdunstung, Durchfluß und Speicherung in den verschiedenen Bodeneinheiten sollen in den kommenden Jahren erweitert fortgeführt werden, um unter Berücksichtigung von Niederschlag, Temperatur, Luftfeuchtigkeit, Wind und Strahlung für die einzelnen Boden- und Vegetationseinheiten und die jeweils herrschenden meteorologischen Verhältnisse Faktoren zur Berechnung von Verdunstung und Durchfluß erarbeiten zu können.

Die für die einzelnen Boden- und Vegetationseinheiten festgestellten Speicherungs- und Verdunstungsfaktoren können dann auf die gleichen Einheiten in ähnlichen Höhenlagen des gesamten Gebirgsbereiches übertragen werden. Die flächenmäßige Verteilung der Areale gleicher Verdunstungsfähigkeit kann aus den Luftbildern festgestellt werden, wodurch eine annähernde Berechnung der im gesamten Bereich für die einzelnen Niederschläge zu erwartenden Verdunstungsverluste ermöglicht wird.

Schwierig gestaltet sich die Messung von Verdunstung und Abfluß im Frühjahr, sobald keine geschlossene Schneedecke mehr vorliegt. Bedeutende Schneemengen können sich in schattseitigen Leelagen und Depressionen bis weit in den Sommer erhalten. Der direkten Schneeverdunstung, dem Abfluß von Schmelzwasser und der Verdunstung von Schmelzwasser stehen dann flüssiger Niederschlag auf Schnee, Regen auf Boden, Abfluß und Verdunstung von Regenwasser gegenüber.

Kalklösungsabtrag

Im Zuge der Niederschlags- und Verdunstungsmessungen wird der Betrag der durch das Niederschlagwasser erfolgenden Kalklösung erfaßt. Der Abtrag von unbedecktem Kalk wird im Niederschlagswasser gemessen (Kalkgehaltsbestimmungs), das von (durch Paraffinwälle begrenzten) Felsflächen abfließt. Die Lösungsbeträge im bodenbedeckten Schutt werden im Durchflußwasser der Popow-Lysimeter bestimmt. In diesen befindet sich unter der Bodenschichte eine rund 10 cm mächtige Schichte von Kalk-Moränenschutt (Abb. 4), in welchem die Lösungsfähigkeit des Bodenwassers vollständig neutralisiert wird und über den Betrag des abgeführten gelösten Kalkes bestimmt werden kann. Die Bestimmung der Lösungsfähigkeit ist von wesentlicher Bedeutung, weil durch diese eine andauernde, lokal stark differenzierte Umgestaltung der Oberfläche erfolgt. Diese wirkt wiederum auf Boden, Vegetation und Mikroklima zurück, wodurch im Zuge eines meist sich selbst verstärkenden Prozesses (z. B. in Mulden größere Niederschlagsmengen und damit verstärkte Lösung) Richtung und Geschwindigkeit der Veränderung der Gesamtheit der wirksamen Naturfaktoren bestimmt werden. Über die Ergebnisse dieser Untersuchungen wird nach deren Abschluß getrennt berichtet werden.

Abflußmessungen

Seit dem Jahre 1955 wird das Netz der Abflußmeßstellen rund um das Dachsteingebiet (neu errichtet: sechs Schreibpegel und drei Lattenpegel) weiter ausgebaut. In einem langjährigen Beobachtungsprogramm (mindestens 10 Jahre) werden grundsätzliche qualitative und quantitative Ergebnisse zu erzielen sein, welche dann zusammen mit den Ergebnissen der langjährigen Niederschlags- und Verdunstungsmessungen die Aufstellung einer Wasserbilanz ermöglichen werden. Der Lauf der unterirdischen Wasserwege wurde bereits durch zahlreiche Sporentriftversuche (Mayr, Zötl, Bauer-Zötl-Mayr) grundsätzlich geklärt.

Forstliche Klimauntersuchungen

Für die in den hochgelegenen Karstgebieten besonders aktuellen forstlichen Aufgaben, vor allem für die Wiederaufforstung, müssen neben dem Wasserhaushalt auch alle übrigen natürlichen Grundlagen der Vegetation erfaßt werden. Neben rein geomorphologischen, bodenkundlichen, vegetationskundlichen und die wirtschaftlichen Einflüsse in historischen Zeiten erfassenden Untersuchungen ist wiederum die Kenntnis sämtlicher Klimafaktoren von wesentlicher Bedeutung.

Auch hier ist es das unregelmäßige Karstrelief, welches die Art des Arbeitsprogrammes bestimmt. So wurden von 1956 bis 1960 während der Vegetationsperiode Lufttemperatur und -feuchtigkeit der Karstgroßmulde der Gjaidalm in 5 charakteristischen Expositionen mit Thermohygrographen durchlaufend erfaßt. Aufstellungspunkte waren Muldentiefe (m) = Kältesee; Almhütte (a) = Höhe der vom Trauntal trennenden Schwelle; je eine randliche Kuppenlage im Norden (k) und Süden (OB = Oberfeld) der Mulde mit ungestörter Luftzirkulation; Tiefkar (tk) = gegen den Hallstättersee gerichtete Talung mit freier Zirkulaton (Abb. 2).

Am Krippenstein und auf der Schönbergalm bestehen schon seit 1955 solche Stationen. Am Krippenstein werden ferner neben den Niederschlägen auch Strahlung, Sonnenscheindauer, Luftdruck und Windrichtung und -stärke gemessen. Im Jahre 1961 wird am Krippensteingipfel eine moderne Windregistrieranlage (Richtung und Stärke) errichtet werden. Die Krippensteinstation, welche weiter ausgebaut werden soll, wird bei allen zukünftigen Untersuchungen im übrigen Dachsteingebiet als Bezugsstation verwendet werden.

Im Gjaidalmbereich werden auf der Station Oberfeld (außer den schon erläuterten hydrographischen Untersuchungen) neben den Lufttemperatur- und -feuchtigkeitsverhältnissen ebenfalls Wind, Strahlung, Sonnenscheindauer und Verdunstung (Evaporimeter) gemessen. Die Untersuchungen der Klimafaktoren im Boden und in der bodennahen Luftschicht wird in den kommenden Jahren die Grundlage detaillierter ökologischer Untersuchungen bilden. In den vergangenen Jahren wurden vor allem Bodentemperaturen und Bodenfeuchte in verschiedenen Bodeneinheiten erfaßt. (Die Verdunstungsmessungen mittels Popow-Lysimetern wurden bereits erwähnt.) Die Bestimmung der lokal stark schwankenden Schneelagendauer und damit der Vegetationsperiode erfolgt durch regelmäßige Panoramaaufnahmen von bestimmten Punkten aus.

Von allgemeiner Bedeutung sind Klimaschwankungen, die den gesamten Naturhaushalt beeinflussen und die Richtung der Entwicklung von Boden und Vegetation bestimmen. Im Dachsteingebiet konnte festgestellt werden, daß auf eine im Zuge des Gletschervorstoßes von 1850 erfolgte weiträumige Vegetationszerstörung in allen Höhenlagen — seit 1930 (Beschleunigung des Gletscherrückganges!) besonders verstärkt — ein bedeutender allgemeiner Zuwachs in sämtlichen Vegetationseinheiten erfolgt (Bauer 1958).

Ziel dieser, mit einem boden- und vegetationskundlichen Arbeitsprogramm koordinierten Untersuchungen ist es vor allem, die naturgemäßen Standorte für verschiedene Vegetationseinheiten festzustellen und damit die Grundlage für Aufforstungsprogramme zu schaffen.

Auch dieses auf die forstliche Arbeitsrichtung ausgerichtete Programm wird stufenweise ausgebaut werden. Auch können die Ergebnisse aus dem Gjaidalmbereich direkt nur auf die Waldgrenze Anwendung finden. Wenn es auch hier und nur hier gelingt, sämtliche Teilprozesse im Wechselspiel zwischen Gestein — Klima — Hydrographie — Boden — Vegetation klar zu erkennen, die im tieferliegenden Wirtschaftswald auch wirksam sind, so wird in der Folge die regionale Ausweitung des Grundlagenmeßprogrammes auf andere Teile des Dachsteingebietes (tieferliegender Wirtschaftswald in verschiedenen Expositionen) unbedingt erforderlich sein.

Ausblick

Wie schon einleitend festgestellt wurde, muß die vordringlichste Aufgabe jedes Karstforschungsprogrammes die Klärung des Wasserhaushaltes sein. Der klimatologische Fragenkreis nimmt hier eine zentrale Stellung ein, nicht nur was Niederschlagsmengen und Verdunstung betrifft, sondern vor allem auch in Bezug auf die Entwicklung von Boden und Vegetation, welche durch die bedeutende Speicherung und Verdunstung des Niederschlagswassers im Wasserhaushalt eine wesentliche Rolle spielen. Soll ein Karstforschungsprogramm praktisch-wirtschaftlich verwertbare Ergebnisse liefern, müssen aber alle am Verkarstungsprozeß beteiligten Faktoren, wie auch die geologischen und morphologischen Gegebenheiten, Hydrographie, Böden und Vegetation nach deren heutigem Stand und ihrer Entwicklungstendenz erfaßt werden. Dies ist jedoch nur im Rahmen eines koordinierten Arbeitsprogrammes möglich, in welchem die einzelnen Fachwissenschaften die ihnen gestellten Probleme unter Berücksichtigung sämtlicher gleichzeitig gewonnener Teilergebnisse der anderen Fachrichtungen untersuchen.

Nach diesen Grundsätzen wird seit 1954 das Karstforschungsprogramm des Speläologischen Institutes im Dachsteingebiet durchgeführt. Der klimatologischen und hydrographischen Arbeitsrichtung kommt hiebei naturgemäß die größte Bedeutung zu. Ziel dieser Arbeiten ist es, die fachlichen Voraussetzungen für wasser- und forstwirtschaftliche Planungen und Maßnahmen in den österreichischen Hochkarstgebieten zu schaffen.

Literatur

[1] F. Bauer, Verkarstung und Bodenschwund im Dachsteingebiet. Mitt. d. Höhlenkomm., Jg. 1953, H. 1, S. 53—62, Wien 1954.
[2] F. Bauer, Aufgaben und Gliederung einer Karstuntersuchung. Mitt. d. Höhlenkomm., Jg. 1954, H. 1, Wien 1956.
[3] F. Bauer, Vegetationsveränderungen im Dachsteingebiet zwischen 1800 und 1950. Centralblatt für das gesamte Forstwesen, 75. Jg., H. 3—5, S. 298—320, Wien 1958.
[4] F. Bauer, Aktuelle Karstwasserprobleme in Österreich. Öst. Wasserwirtschaft, Jg. 11, H. 7/8, S. 181—185, Wien 1959.

[5] F. Bauer, J. Zötl und A. Mayr, Neue karsthydrographische Forschungen und ihre Bedeutung für Wasserwirtschaft und Quellschutz. Wasser und Abwasser, Band 1958, S. 280—297. Wien, Winkler & Co. 1959. (Mit Zusammenfassung der wichtigsten hydrographischen Literatur über das Dachsteingebiet.)
[6] A. Mayr, Neue Wege zur Erforschung von Quellen und Karstwässern. Mitt. d. Höhlenkomm., Jg. 1953, H. 1, Wien 1954.
[7] J. Zötl, Beitrag zu den Problemen der Karsthydrographie mit besonderer Berücksichtigung der Frage der Erosionsniveaus. Mitt. d. Geogr. Ges. Wien, Bd. 100, H. 1/2, Festschrift Hans Spreitzer, Wien 1958.

Meteorologische Gesichtspunkte zur Frage der Durchlüftung des geplanten Straßentunnels im Felbertauerngebiet

Von H. Tollner, Salzburg

Mit 2 Textabbildungen

Bereits einige Zeit vor dem zweiten Weltkrieg begannen staatliche Stellen mit Vorarbeiten zu einer, praktisch während des ganzen Jahres für den Verkehr offenstehenden Verbindungsstraße zwischen Mittersill im Oberpinzgau und Matrei in Osttirol quer über bzw. durch den Kamm der Felbertauern. Das Felbertauerngebiet weist beinahe

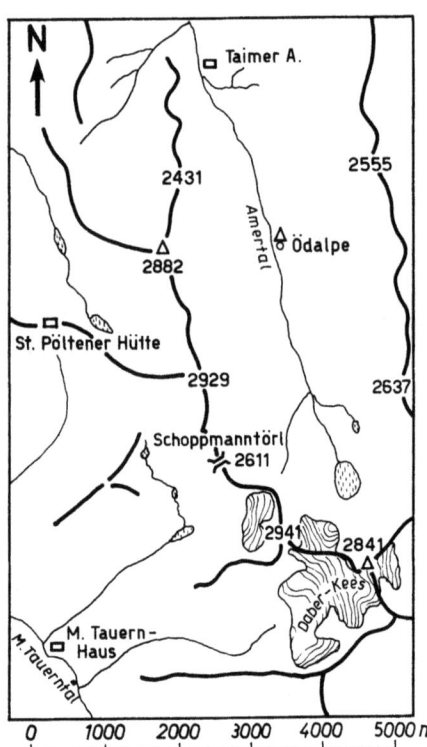

Abb. 1. Der projektierte Straßentunnel durch den Felbertauern soll die Ödalpe mit dem Matreier Tauernhaus verbinden. An diesen beiden Punkten wurden meteorologische Beobachtungen angestellt.

die einzige Möglichkeit auf, den Alpenhauptkamm zwischen der Brennerfurche und dem Radstädter Tauernpass mit einem Verkehrsweg verhältnismäßig tief zu überqueren. Die Straßenbauämter der Landesregierungen von Salzburg und Osttirol setzten nach Kriegsende die Projektierungsarbeiten fort und vermochten sie schließlich auch nahezu zu beenden. Der Straßenplan sieht folgende Abschnitte vor: Mittersill, Felbertauerntal, Amertal (Nebental des Felbertauerntales) bis oberhalb der Ödalpe, in ca. 1600 m Seehöhe

Durchquerung des Felbertauern in einem etwas mehr als 5 km langen Tunnel, Tunnelausgang oberhalb des Matreier Tauernhauses, das Matreier Tauerntal abwärts bis Matrei.

Während die Geländebedingungen dem Bau der Straße keine besonderen Schwierigkeiten entgegensetzen oder Zweifel verursachen, erhob sich jedoch mangels ähnlich gearteter Vergleichsfälle für den geplanten 5 km langen Straßentunnel die Frage: Ist eine künstliche Belüftung des Tunnels notwendig oder nicht, bzw. wenn ja, in welchem Ausmaße?

Um über das Problem der Be- und Entlüftung eines Straßentunnels von 5 km Länge in rund 1600 m Seehöhe im Felbertauernbereich meteorologische Grundlagen zu gewinnen, wurden bei der Taimeralpe (1346 m) und bei der Ödalpe (1542 m) im Amertal und beim Matreier Tauernhaus (1514 m) verschiedene meteorologische Beobachtungen und Registrierungen angestellt, von denen vor allem die Luftdruckmessungen größeres Interesse beanspruchen. Über die Lage der Beobachtungsstellen orientiert die Abb. 1.

Die Instrumente wurden von der Zentralanstalt für Meteorologie und Geodynamik, von der Salzburger Landesregierung und vom Straßenbezirksbauamt Spittal an der Drau zur Verfügung gestellt. Als Beobachter waren tätig: Das Ehepaar Brugger auf dem Matreier Tauernhaus, Peter Wallner und Sohn auf der Ödalpe und der Revierjäger Loitfellner auf der Jagdhütte Taimeralpe.

Lufttemperatur und relative Luftfeuchtigkeit

Die Messungen und Registrierungen der Temperatur und der relativen Luftfeuchte zeigten bei der Ödalpe und beim Matreier Tauernhaus auf gleiche Meereshöhe reduziert im allgemeinen keine großen Unterschiede zwischen der Nord- und Südabdachung der Hohen Tauern nahe dem Bereich des Alpenhauptkammes. Unterschiedliche Wetterzustände zwischen der Nord- und Südflanke der Felbertauern erschienen überhaupt nicht häufig, so daß die Rolle des Tauernhauptkammes als Wetterscheide weniger in Erscheinung trat. Mitunter gab es freilich zwischen der Nord- und Südseite Temperaturdifferenzen bis zu 7° C und Feuchteunterschiede bis zu 40 Prozent.

Windverhältnisse

Entsprechend der Richtungsbeeinflussung der allgemeinen und lokalen Luftzirkulation durch die Richtung des Talverlaufes dominierten beim Matreier Tauernhaus die Winde talauswärts (Nordwind) und taleinwärts (Südwind) gegenüber den Luftströmungen aus anderen Richtungen. Im Winter herrschten die Nordwinde vor. In der wärmeren Jahreszeit entwickelte sich die „tagesperiodische Lokalzirkulation" mit Talaufwind am Tage und Talabwind (Bergwind) abends, nachts und am Morgen. Die mittlere Geschwindigkeit aller zu den drei täglichen Beobachtungsterminen gemessenen Winde belief sich auf 3,0 m/s. Als Maximalgeschwindigkeit zu den Meßterminen wurden zwischen November 1951 und Mai 1953 11,7 m/s festgestellt.

Im Amertal wehten gemäß der morphologischen Konfiguration dieser Tiefenfurche durchwegs nur Winde in der Richtung talaus- und taleinwärts. Im Winterhalbjahr zeigte der Wind des Amertales nur selten eine zur Luftströmung beim Matreier Tauernhaus entgegengesetzte Richtung. Die Berg- und Talwind-Zirkulation setzte im Amertal ebenso wie im Matreier Tauerntal erst im Mai/Juni ein und hörte praktisch im September auf. Bei gradientschwachem Schönwetter entwickelte sich im Sommer bei der Ödalpe tagsüber in der Regel eine nach Süden und beim Matreier Tauernhaus eine nach Norden gerichtete Talwindströmung. Nachts kehrten diese tagesperiodischen Lokalwinde um.

Luftdruck

Die im Hinblick auf die Problemstellung vorgenommenen Untersuchungen des Luftdruckes erforderten sorgfältige Ablesungen der Barometer, ein einwandfreies Funktionieren der Barographen und wiederholt überprüfende Vergleichsmessungen der Barometer mit dem Normalbarometer der Zentralanstalt für Meteorologie und Geodynamik in Wien. An den Barometervergleichen zur Bestimmung der Barometerkorrekturen beteiligten sich auch O. Eckel, F. Lauscher und L. Binder. Die Beobachter führten die Ablesungen des Luftdruckes mittels Lupe auf Zehntel Millimeter aus. Die Temperatur der Quecksilbersäule wurde durch das Außenthermometer auf dem Barometer in Zehntelgrad Celsius bestimmt. Die Reduktion der Luftdrucke auf 0° C erfolgte bei der Verarbeitung der Meßergebnisse durch den Berichterstatter. Die Beobachter lasen in der

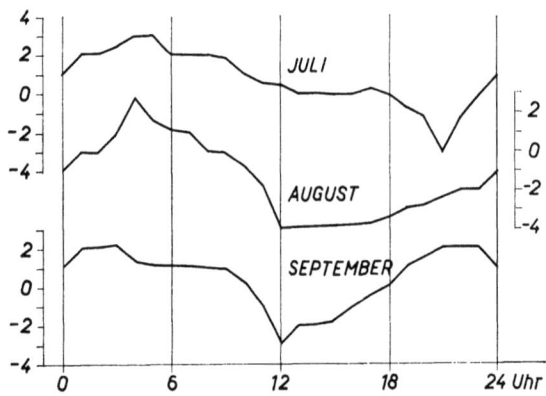

Abb. 2. Mittlerer Tagesgang der Luftdruckdifferenz Matreier Tauernhaus — Ödalpe (Sommer 1954) im Niveau 1542 m, in Zehntel Millimeter.

Regel dreimal am Tage und zwar meist zu gleichen Zeiten ab. Die Luftdruckregistrierungen lieferten schließlich Stundenwerte und boten damit Aufschlüsse über den täglichen Gang des Luftdruckes, über Besonderheiten usw.

Das Barometergefäß auf dem Matreier Tauernhaus befand sich 3,5 m höher als die Vermessungsmarke Fixpunkt Kapelle mit Höhe 1510,4 m, also in rund 1514 m Seehöhe, das Barometer Ödalpe in 1542 m (3,0 m unterhalb des Vermessungspunktes Westgiebel, 1545 m). Das Barometer Ödalpe hing demnach um 28 m höher als jenes auf dem Matreier Tauernhaus. 28 m Höhenunterschied entsprechen bei mittleren Luftdrucken von 640 mm Quecksilbersäule 2,2 mm Druckdifferenz. (Barometrische Höhenstufe in diesem Niveau bei +10° C im Durchschnitt 13,0 m). Da es galt, die Luftdrucke des Raumes Ödalpe und Matreier Tauernhaus zu vergleichen, wurden die Drucke des Matreier Tauernhauses auf die Höhe der Ödalpe reduziert.

Die Messungen und Stundenauswertungen der Luftdruckverhältnisse im gleichen Niveau des Gebietes Matreier Tauernhaus und Ödalpe erlaubten die Feststellung, daß zeitweilig sogar die Tagesdurchschnittswerte noch beträchtliche Unterschiede erkennen lassen, daß aber andererseits auch wieder häufig Zeitabschnitte mit nur sehr geringen Luftdruckdifferenzen auftreten. Im einzelnen wurde erkannt, daß für die Richtung und die Größe des horizontalen Druckgradienten in erster Linie die verschiedenen Typen der Großwetterlagen mit ihren spezifischen allgemeinen Druckgradienten verantwortlich erscheinen. Auf Situationen mit beachtlich großem Luftdruckgefälle folgten solche mit beinahe keinen Druckunterschieden. Da einerseits oftmals zwischen der Nord- und Südseite des Felbertauernkammes praktisch keine Luftdruckgegensätze bestehen und im Sommer auch noch Luftströmungen gegen beide Eingänge des geplanten Straßentunnels wehen, muß in einer relativ engen, den Tauernhauptkamm durchziehenden Tunnelröhre ganz abgesehen von der Wandreibung in ihr oftmals Stagnation der Luft herrschen. Unter der Annahme, daß gelegentlich vor allem in der wärmeren Jahreszeit bei Schönwetter ein lebhafter Verkehr von Fahrzeugen mit Verbrennungsmotoren stattfinden kann, erscheint wohl eine künstliche Durchlüftung des geplanten 5 km langen Straßentunnels unerläßlich.

Die Luftdruckdifferenzen zwischen der Nord- und Südseite des Felbertauernkammes boten in den Sommermonaten einen deutlichen und untereinander ähnlichen tageszeitlichen Gang. Nachts war der Luftdruck von Süd nach Nord gerichtet (Maximum zwischen 1 und 4 Uhr), dann nahmen die Unterschiede ab und zwischen 10 und 12 Uhr bildete sich ein Luftdruckgefälle von Nord nach Süd. Im August und September kehrte die Richtung des Gradienten zwischen 18 und 19 Uhr und im Juli um 23 Uhr um. Einzelheiten darüber bringt Abb. 2.

Für das Problem der Tunneldurchlüftung interessiert naturgemäß am meisten die Häufigkeit bestimmter Schwellenwerte der Druckunterschiede zwischen der Süd- und Nordseite der Felbertauern.

Tabelle 1. Druckunterschiede Matreier Tauernhaus — Ödalpe in 1542 m Seehöhe im Juli und September 1953. Das Vorzeichen + bedeutet bei der Ödalpe tieferer Druck als beim Tauernhaus. Beim Vorzeichen — ist das Druckgefälle ungekehrt. (Horizontalabstand zwischen beiden Meßpunkten rund 6 km)

Luftdruckunterschiede	Zahl der Fälle in Prozenten aus je 744 bzw. 720 Stundenwerten	
	Juli	September 1953
Über + 3,1 mm	2	4
+ 3,0 bis + 2,1 ,,	3	4
+ 2,0 ,, + 1,1 ,,	16	15
+ 1,0 ,, + 0,6 ,,	15	13
+ 0,5 ,, + 0,1 ,,	27	15
0,0 ,, − 0,4 ,,	18	14
− 0,5 ,, − 0,9 ,,	15	20
− 1,0 ,, − 1,4 ,,	1	6
− 1,5 ,, − 1,9 ,,	1	7
− 2,0 ,, − 2,4 ,,	1	2
− 2,5 ,, − 2,9 ,,	1	0

Wie bereits früher angedeutet sind im Sommer Richtung und Größe des Luftdruckgradienten im Felbertauerngebiet von den einzelnen im Alpenraum herrschenden Wetterlagen abhängig. Keine, oder nur geringe Süd-Nord gerichtete Differenzen (0,0 bis 1,0 mm) herrschten bei flacher Druckverteilung über Mitteleuropa, bei Lagen mit Wärmegewittern, bei einem Hochdruckkeil von Westen her, bei schwacher Westwetterlage, bei einem schwachen Zwischenhoch. Ein mäßiges von Süd nach Nord verlaufendes Druckgefälle (+ 1,1 bis + 2,0 mm) gab es bei einem gradientschwachen Südwestwetter und bei Hochdruckrandlagen mit dem Schwerpunkt östlich der Felbertauern. Stark von Süden nach Norden abfallender Druck stellte sich bei Wetterlagen mit Frontdurchgängen, bei einer hochreichenden Südströmung und bei föhnartigen Wetterlagen ein.

Schwache Nord-Süd gerichtete Differenzen (− 0,1 bis − 1,0 mm) erzeugten eine flache Druckverteilung, Gewitterlagen, Hochdruckkeile und Hochdruckbrücken, schwache Zwischenhochs, Hochdruckrandlagen mit dem Schwerpunkt im Westen. Nordwestwetterlagen und Hochdruckrandlagen mit dem Schwerpunkt westlich der Felbertauern verursachten mäßig starke Nord-Süd verlaufende Druckunterschiede (− 1,1 bis — 2,0 mm). Starke Nord-Süd-Druckdifferenzen (über — 2,0 mm) wurden bei Hochdruckrandlagen mit dem Hochdruckschwerpunkt westlich des Felbertauerngebietes beobachtet. Einzelheiten über den täglichen Gang der Luftdruckunterschiede zwischen der Süd- und Nordabdachung der Felbertauern (horizontale Entfernung 6 km) bei einzelnen Wettersituationen bringt Tab. 2.

Tabelle 2. Tagesgang der horizontalen Luftdruckdifferenzen zwischen dem Matreier Tauernhaus und der Ödalpe in 1542 m Meereshöhe in Millimeter bei verschiedenen Wetterlagen im Sommer 1954

0	2	4	6	8	10	12	14	16	18	20	22	24 Uhr
Hochdruck-Westkeil mit nachts etwas anschwellender Südwestzirkulation am 25. 7. 1954												
+0,3	+0,1	−0,1	0,0	0,0	+0,1	+0,1	+0,3	+0,3	+0,2	+0,2	+0,7	+1,4
Nördliche Westlage am 29. 7. 1954. Stärkerer Tagesgang des Druckgradienten												
+0,4	+0,3	0,0	+0,2	−0,4	−0,8	−1,1	−1,9	−1,2	−0,6	−0,3	−0,6	0,0
Flache Druckverteilung über Mitteleuropa am 25. 8. 1954												
0,0	−0,1	−0,1	−0,2	−0,5	−0,1	+0,1	−0,1	+0,1	+0,3	0,0	−0,1	0,0
Südwestwetterlage am 14. 8. 1954 mit zeitweilig lebhafter atmosphärischer Zirkulation												
+1,5	+2,0	+2,3	+2,1	+2,1	+1,3	+1,0	+1,6	+2,5	+3,1	+3,5	+1,7	+1,5
Tief über Oberitalien am 26. 8. 1954.												
−0,2	−0,1	−0,6	−0,6	−0,8	−1,6	−1,1	−1,1	−1,0	−1,1	−1,2	−0,1	−0,1
Kleinräumiges Tief über den Alpen am 15. 9. 1954. Schlechtwetterlage												
+1,3	+1,2	+1,3	+0,7	+0,6	+0,1	−1,2	−2,4	−2,1	−1,9	−1,4	−0,8	−0,9
Hochdruckwetter am 4. 9. 1954												
−0,3	−0,2	0,0	+0,2	+0,4	+0,1	−0,1	−0,3	−0,2	0,0	+0,2	+0,3	+0,3
Hochdruckrandlage mit Nordluftzufuhr am 28. 8. 1954												
−1,2	−1,0	−0,9	−0,7	−0,4	−0,5	−0,3	−0,1	−0,8	−0,9	−0,9	−0,6	−1,2

Für die natürliche Durchlüftung eines Felbertauern-Straßentunnels ist der Umstand, daß bei Schönwetter praktisch keine, oder nur sehr geringe Luftdruckgradienten zwischen der Süd- und Nordseite des Hauptkammes der Hohen Tauern herrschen, ungünstig. Eine nennenswerte Luftzirkulation innerhalb des geplanten Straßentunnels ist bei Hochdruckwetterlagen wegen der geringen Temperatur- und Druckunterschiede und wegen der im Sommer tagsüber häufig gegen das Nord- und Südportal gerichteten lokalen Talwindströmungen nicht möglich. Bei zyklonalen Verhältnissen, bei minder freundlichem bis schlechtem Wetter sind für eine natürliche Durchlüftung des Straßentunnels bessere meteorologische Voraussetzungen gegeben.

Der mittlere sommerliche Tagesverlauf der Luftdruckunterschiede zwischen Nord- und Südseite der Felbertauern in 1542 m Seehöhe ist meteorologisch aufschlußreich, insbesondere im Hinblick auf die Berg- und Talwind-Theorie von A. Wagner*. Es sieht so aus als ob im Sommer tagsüber (vgl. Abb. 2) eine Übererwärmung der Südflanke gegenüber der Nordabdachung der Felbertauern stattfindet, die eine dem allgemeinen Luftdruckgradienten superponierte lokale Drehung des Druckgefälles gegen Süden bewirkt.

---

*) A. Wagner, Theorie und Beobachtungen der periodischen Gebirgswinde. Gerl. Beitr. z. Geophys. 52 408 (1938).

Ein neues Funktelephon für das Sonnblickobservatorium

Von Walter K. Grossmann

Mit 4 Textabbildungen

Seit dem 2. September 1886, dem Gründungstag des Sonnblickobservatoriums, bereitete die Nachrichtenverbindung zum Tal und weiter zur Zentralanstalt für Meteorologie in Wien zahlreiche Schwierigkeiten verschiedener Art, welche bis vor kurzem nicht zufriedenstellend beseitigt werden konnten. Die erste Verbindung war eine von dem Gewerken J. Rojacher mit Hilfe seiner Bergknappen erbaute Drahtleitung mit Telefonapparaten des Systems Graham-Bell. Ihre Verwendbarkeit war nicht nur von Jahreszeit und Wetter, sondern auch in hohem Maße von den Fähigkeiten des Entstördienstes abhängig. Solange Rojacher diesen selbst versah oder leitete, war die Betriebssicherheit nach den damaligen Begriffen — man bedenke, daß außer Boten oder optischen Verfahren keinerlei andere technische Möglichkeit bestand — ausreichend. Manchmal „knischterte" es nur im Telefon und das „Wettertelegramm" war nicht zu verstehen, aber manchmal zerstörte der Blitz die Leitung und öfters rissen Lawinen Draht und Maste in die Tiefe. Die Behebung solcher Schäden dauerte zu lange, als daß man von einer regelmäßigen Nachrichtenverbindung hätte sprechen können. Aber der damalige Wetterdienstbetrieb konnte diese Mängel noch ertragen.

Heutzutage werden an eine Fernsprechverbindung für den Wetterdienst schärfere Anforderungen gestellt. Seit etwa 1942 wurden daher neben der Drahtverbindung Funkgeräte verwendet, mit denen zuerst nur bis zur Wetterstation Rauris, später, etwa 1949, bis zur Wetterwarte Salzburg-Maxglan gesprochen wurde, wenn die Drahtleitung ausgefallen war. Die Ausbildungsforderungen zum Betrieb eines Funkgerätes wie das zuletzt verwendete (Radio Set SCR-543-A Hallicrafter) im Bereich um 80 m Wellenlänge, welches Wellenwechsel, Antennenabstimmung, Wartung des Speiseaggregates usw. erfordert, waren zu hoch als daß ihnen das Personal des Sonnblickobservatoriums hätte voll entsprechen können. Es waren auch jene Voraussetzungen nicht mehr gegeben, unter welchen 1886 Rojachers Hutmann Poberschnigg einen defekten Telefonapparat durch Abwickeln und Wiederbewickeln eines durch Blitzeinwirkung beschädigten Induktors reparieren konnte, obwohl er von Beruf Bergmann war. So konnte trotz zweier Nachrichtenwege eine befriedigende Verbindung nicht erreicht werden und letztes Auskunftsmittel im Störungsfall blieb bis vor kurzem nach wie vor die Reparatur der Drahtleitung.

Aber die Diensterfordernisse von heute erlauben einen mehrtägigen Ausfall der Nachrichtenverbindung längst nicht mehr. Deshalb forderte der unglückliche Versuch, von der antiquierten Einrichtung die Pflichten einer modernen Fernsprechverbindung zu verlangen, ein beklagenswertes Opfer: am 30. Juli 1953 wurde Viktor Kuzel bei der Reparatur der Drahtleitung am Kleinen Sonnblick vom Blitz getötet. Eine Änderung und Verbesserung der Nachrichtenverbindung war dringend notwendig geworden.

Seit 5. Dezember 1958 steht am Sonnblickobservatorium ein „Sprechfunkteilnehmeranschluß" (offizielle Bezeichnung der Österreichischen Postverwaltung) ein Gerät der Österreichischen BROWN BOVERI AG. Wien in Betrieb. Seine Benützung erfordert keinerlei Spezialkenntnisse und nur geringfügige Wartung, hauptsächlich der Stromversorgungsanlage, weil Technik und Ausführung der Geräte in höchstem Maße laiensicher sind. Seine Funktion wird durch Wettereinflüsse nicht beeinträchtigt, denn die Verbindung zum Postamt Rauris (Abb. 1) erfolgt drahtlos über zwei Frequenzen im VHF-Bereich mittels Frequenzmodulation. Die Ausrüstung besteht am Sonnblick (Abb. 2 und 3) aus Sender, Empfänger, Telefonanschlußteil, Lichtmaschine, Reglerschalter,

Abb. 1

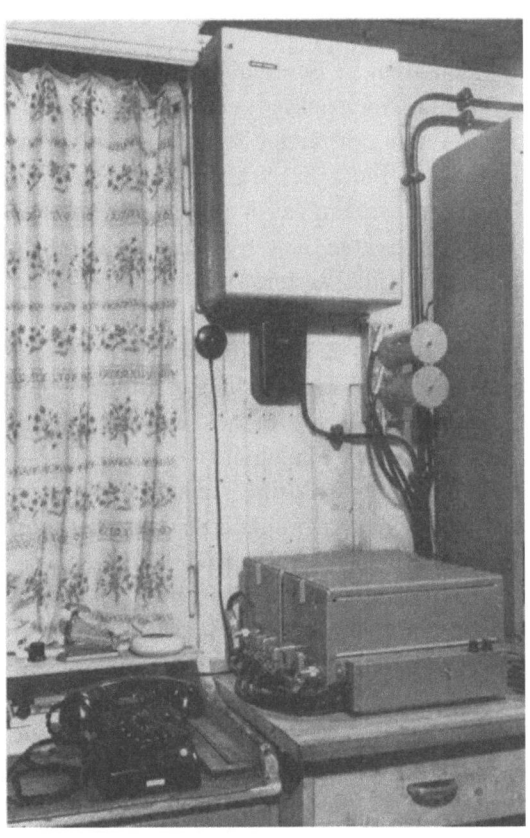
Abb. 2

Abb. 1. Gebäude der Gegenstelle beim automatischen Wählamt Rauris mit der 9-Element-Yagi-Richtantenne mit 9 MHz Bandbreite und 9 db Gewinn.
Abb. 2. Die Sprechstelle im Beobachterraum des Sonnblickobservatoriums.

12-V-Batterie und einem normalen Tischtelefonapparat mit Wählscheibe. Ein Ferngespräch wird genau so einfach wie von einem beliebigen Teilnehmeranschluß ausgeführt: Abheben, Wählen, Sprechen. Die Gesprächsgebühr wird an einem Gebührenzähler angezeigt. Wird der Teilnehmer Sonnblick gerufen, dann läutet der im Tischtelefonapparat eingebaute Wecker in der bekannten Weise. Jeder Teilnehmer des öffentlichen Telefonnetzes ist erreichbar und jeder kann selbst den Sonnblick anrufen. Genauere Informationen über die Technik des Sprechfunkteilnehmeranschlußes folgen in einem Abschnitt über technische Daten.

Die Voraussetzungen für den sinnvollen Einsatz eines solchen Sprechfunkteilnehmeranschlusses sind gegeben, wenn
    1. eine Verbindung mittels Sprechfunkteilnehmeranschluß physikalisch möglich ist,
    2. die Betriebssicherheit einer anderen Sprechverbindung zu gering ist und
    3. eine andere Sprechverbindung weniger rationell ist.

Unter der ersten Voraussetzung ist im wesentlichen zu verstehen, daß die Übertragungsdämpfung der HF-Strecke genügend klein sein muß, weil die Sendeleistung nicht beliebig groß gemacht werden kann. Diese Dämpfung ist durch die Geländesituation zwischen den Aufstellungsorten beider Stationen und ihrer Umgebung gegeben. Insbesondere treten große Dämpfungen auf, wenn keine optische Sichtverbindung zwischen den Stationen besteht. Durch Anwendung von Richtantennen kann aber in vielen Fällen eine zu große Dämpfung kompensiert werden.

Innerhalb des umrissenen Einsatzbereiches sind noch die Fragen der Stromversorgung, Bedienung, Wartung, Störungsbehebung, Betriebszeit und dgl. zu lösen, welche jedoch hauptsächlich organisatorischer Art sind.

Abb. 3. Antennenaufstellung an der Nordseite des Observatoriums am Hohen Sonnblick (3105 m). 3-Element-Yagi-Richtantenne mit 9 MHz Bandbreite und 5 db Gewinn. Tiefblick nach Kolm-Saigurn. An der NO-Ecke die beschädigte Kurzwellenantenne der alten Funkstation.

Gegenüber einer einfachen Funkverbindung bietet der Sprechfunkteilnehmeranschluß den Vorteil, daß keine Bedienungsperson an der amtsseitigen (im Besitz der ÖPT befindlichen) Gegenstelle benötigt wird und damit nicht nur die entsprechenden Personalkosten, sondern auch die Gefahren nachlässiger Bedienung sowie Übermittlungsfehler vermieden werden. Da die amtsseitige Gegenstelle ununterbrochen Tag und Nacht eingeschaltet ist, besteht für den Teilnehmer die Möglichkeit, zu jeder beliebigen Zeit, ebenso wie an einem normalen Teilnehmeranschluß, ein Ferngespräch zu führen.

Im Falle des Sonnblickobservatoriums sind eindeutig die drei Voraussetzungen gegeben. Es besteht optische Sicht nach Rauris. Die geringfügige laufende Wartung kann durch das Personal der Wetterstation durchgeführt werden, während eine periodische Wartung durch Fachpersonal während der günstigeren Jahreszeit durchführbar ist. Lediglich eine Störungsbehebung kann zeitweilig, unter Umständen auch Tage hinaus, unmöglich sein. Demgegenüber ist aber die an sich geringe Ausfallwahrscheinlichkeit, im Zusammenhang mit der noch geringeren Wahrscheinlichkeit, daß Ausfall und aufstiegverhinderndes Wetter zeitlich zusammentreffen werden, anzuführen. Dadurch ist die Nachrichtenverbindung mittels Sprechfunkteilnehmeranschluß zum Sonnblickobservatorium wesentlich betriebssicherer als die bisher verwendeten. Für die wenigen zu erwartenden Ausfälle besteht außerdem noch eine zum Betrieb der Materialseilbahn erforderliche Verbindung über tragbare Kleinfunkgeräte nach Kolm-Saigurn, so daß die Nachrichtenverbindung, welche ja auch für die persönliche Sicherheit des Personals am Sonnblick notwendig ist, unter allen Umständen in hohem Maße gesichert erscheint.

Technische Daten

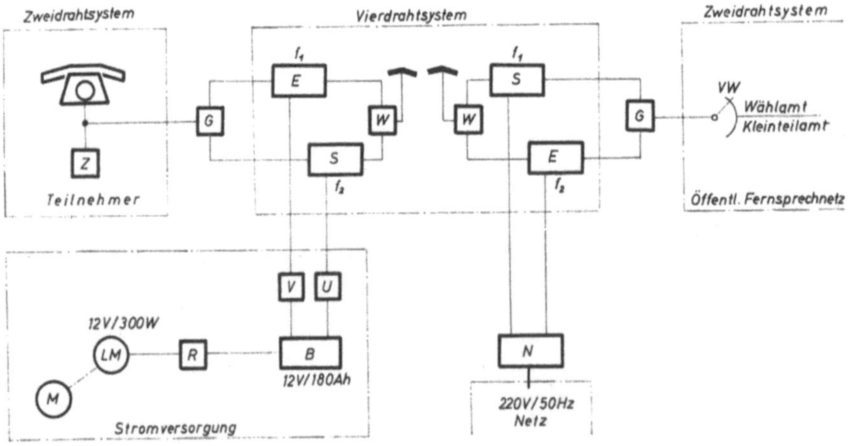

Abb. 4. Sprechfunkteilnehmeranschluß, Gesamtaufbau. B Batterie, E Empfänger, G Gabelschaltung, LM Lichtmaschine, M Antriebsmotor, N Speiseteil, R Reglerschalter, S Sender, U Senderumformer, V Zerhackerteil, VW Vorwähler, W Frequenzweiche, Z Gebührenzähler.

Übertragung der Verbindung:

Restdämpfung:	0,45 Neper
Frequenzgang:	Bezugswert 800 Hz = 0 Neper, liegt innerhalb folgenden Toleranzschemas
	300 ... 400 Hz + 0,25 ... − 1,0 Neper
	400 ... 600 Hz + 0,25 ... − 0,5 Neper
	600 ... 2400 Hz + 0,25 ... − 0,25 Neper
	2400 ... 3000 Hz + 0,25 ... − 0,5 Neper
Geräuschspannung:	− 50 db (= 1,55 mV)
Pfeifsicherheit:	0,2 Neper
Wahlimpulsübertragung:	Bemessen für Impulsverhältnisse 34/66, 38/62, 42/58 und für Impulsfrequenzen 9 ... 11 Imp/sec

Elektrische Daten:
Sender:

Modulationshub:	± 15 kHz	
Klirrfaktor NF:	5%	
Oberwellendämpfung:	60 db	
Nebenwellendämpfung:	80 db	
	Teilnehmerseite (Sonnblick)	Amtsseite (Rauris)
Frequenz:	160,6 MHz	156,1 MHz
Sendeleistung:	10 W (sonst 25 W)[1]	25 W
Röhrenbestückung:	7 Kleinröhren 2 Senderöhren	7 Kleinröhren 2 Senderöhren

Empfänger:	gleich für Teilnehmer- und Amtsseite:
Empfindlichkeit:	0,8 μV (20 db Rauschabstand)
Selektion:	± 15 kHz 6 db, ± 30 kHz 100 db
Ausgangsleistung:	1 W
Klirrfaktor:	8%
Röhrenbestückung:	14 Kleinröhren

[1]) Normalerweise werden an beiden Stationen gleich starke Sender (25 W) verwendet. Wegen günstiger Ausbreitungsverhältnisse konnte am Sonnblick ein Sender geringerer Leistung (10 W) eingesetzt werden. Geringere Sendeleistung ist deswegen erwünscht, weil an so hoch liegenden Standorten störende Überreichweiten zu erwarten sind. Außerdem ergibt sich dadurch ein geringerer Stromverbrauch.

Stromversorgung:

Teilnehmerseite (Sonnblick)

Lichtmaschine: 12 V/38 A/300 W
Reglerschalter: Einfeld-Zweikontaktregler mit
  Knickkennlinie, eingestellt auf 16 V/30 A
Batterie: Bleisammler 12 V/180 AH
Stromverbrauch:
Betriebsbereitschaft (Anschlußteil und Empfänger in
  Betrieb, Sender vorgeheizt) 12 V/7 A (8 A)[2])
Gespräch (Sender eingeschaltet) 12 V/13 A (24 A)[2])

Amtsseite (Rauris)

Speisung aus dem Netz: 220 V/50 Hz

Stromverbrauch:
Betriebsbereitschaft: 95 W[2])
Gespräch: 300 W[2])

Abmessungen und Gewichte:

Teilnehmerseite

Sender, Empfänger, Montagerahmen, Frequenzweiche: 560 × 210 × 400 mm, ca. 20 kg
Telephonanschlußteil:
  390 × 420 × 175 mm, ca. 31 kg

Amtsseite

Sender, Empfänger, Netzteil, Wandrahmen,
  Frequenzweiche: 750 × 410 × 250 mm, ca. 42 kg
Telephonanschlußteil:
  390 × 330 × 175 mm, ca. 16 kg

[2]) Bei 25 W Sendeleistung.

Der Strahlungsmeßturm auf dem Sonnblick

I. Konstruktion und Bau

Im Rahmen der weltumspannenden Organisation der wissenschaftlichen Zusammenarbeit im Internationalen Geophysikalischen Jahr (IGY), das vom 1. Juli 1957 bis 31. Dezember 1958 dauerte, trat auch die stille und oft kaum gewürdigte Arbeit des Observatoriums auf dem Sonnblick in das Blickfeld der Betrachtung. Kein anderes Observatorium der Alpen schien für die wissenschaftliche Strahlungsforschung besser geeignet als der Sonnblickgipfel mit seinem vollkommen freien Horizont. Beobachtungen und Registrierungen der direkten Sonnenstrahlung, der Himmelsstrahlung, der Globalstrahlung, der Ausstrahlung, der UV-Strahlung und der Beleuchtungsstärke von Sonne und Himmel wurden in das Arbeitsprogramm aufgenommen. Solche Messungen konnten jedoch noch nicht durchgeführt werden, weil die ungestörte Aufstellung von Strahlungsmeßgeräten mangels einer geeigneten freien Meßplattform nicht möglich war. Die Errichtung eines Strahlungsmeßturmes war hiemit zur Notwendigkeit geworden und mußte ehestens in Angriff genommen werden. Schon Ende 1955 wurden in eigenen Entwurfskizzen einer Stahlkonstruktion unsere Wünsche zu Papier gebracht. Über Vermittlung unseres verewigten Ehrenpräsidenten Professor Dr. H. Ficker haben sich die **Vereinigten Österreichischen Eisen- und Stahlwerke AG (VÖEST)** in Linz bereit erklärt, die Lieferung und Montage des Turmes zu übernehmen, und erstellten auf unsere Bitte einen außerordentlich ermäßigten Kostenvoranschlag.

Als Baustatiker stellte sich Herr Senatsrat Dipl.-Ing. A. Spindler, Zivilingenieur für das Bauwesen in Salzburg, in völlig selbstloser Weise zur Verfügung und erarbeitete nach einer eingehenden Besichtigung und Vermessung des Baugeländes, die am 26. Mai 1956 im Beisein von Vertretern des Sonnblickvereins, der VÖEST und der Sekton Halle des Deutschen Alpenvereins als Hauseigentümerin des Zittelhauses stattfand, die baulichen Unterlagen für den Entwurf des Stahlturmes unter Berücksichtigung der meteorologischen und baustatischen Erfordernisse. In Anlehnung an den bisherigen Steinturm wurde eine Beobachtungsplattform in entsprechender Höhe geschaffen. Das Podest und die dafür erforderliche Tragkonstruktion, bestehend aus einem zweiwandigen Stahlbock, einer Art Brücke und den Verbänden, gehörten zur Konstruktion des Bauwerks

(Abb. 1). Es steht über Gleit- und Bolzenlager in loser Verbindung mit dem festen Mauerwerk des Steinturmes. Der Aufstieg zur Plattform des Stahlturmes erfolgt vom Südfenster des Steinturmes aus, das später zu einem Türaustritt ausgebaut wurde. Dadurch erwiesen sich auch für den Steinturm einige Adaptierungsarbeiten als erforderlich, die bei der großen Wandstärke von 80 cm nicht ganz einfach waren, da der Turm ein aus Natursteinen errichtetes Trockenbauwerk ist.

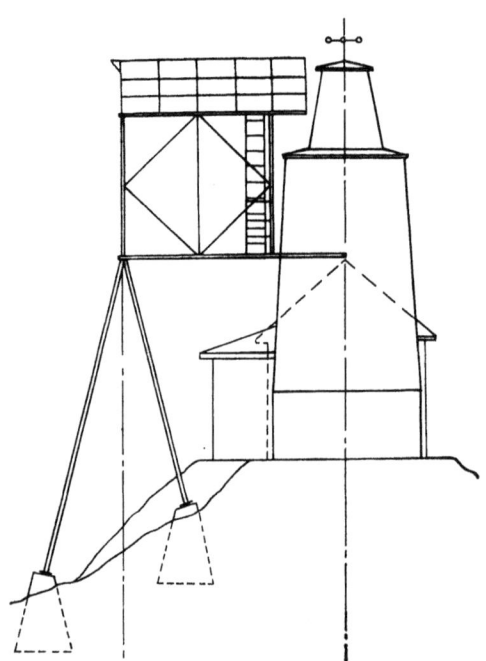

Abb. 1. Konstruktionsprinzip des neuen Strahlungsmeßturmes auf dem Sonnblick, entworfen von Dipl.-Ing. A. Spindler.

Beim Entwurf der Stahlkonstruktion mußte vor allem versucht werden, die Windangriffsflächen des Turmes so klein als möglich zu halten. Daher wurden die Ausfachungen so angelegt, daß Rauhreif und Schneeansätze auf ein Mindestmaß herabgesetzt werden. Für den Fußboden der Beobachterplattform wurde ein Gitterrost aus Streckmetall vorgesehen. Auch die vorherrschende Windrichtung aus WSW bis W wurde bei der Anordnung der einzelnen Stahlprofile berücksichtigt. Wegen der zeitweise sehr heftigen Stürme, deren Böen mitunter die Geschwindigkeit von 250 km/h erreichen, waren für derartige Windkräfte zur Verankerung des Turmes verhältnismäßig große Betonfundamente erforderlich.

Den Aushub hiefür besorgte bereits im September 1956 der Baumeister H. Kaiserer aus Rauris, der auch noch unter schlechtesten Wetterbedingungen Ende Oktober mit seinen Arbeitern die Fundamentierung von vier Betonblöcken vornahm. Der Transport des Baumaterials wurde mit der Materialseilbahn besorgt, deren Betrieb jedoch durch den jähen Wintereinbruch sehr oft gestört wurde. Die Telephonverbindung mit dem Sonnblick war unterbrochen und die Verständigung und der erforderliche Nachschub konnte nur mit Hilfe von Sprechfunkgeräten aufrechterhalten werden.

Der starke Schneefall behinderte die Arbeiten auch in der „Nachschubbasis" in Kolm außerordentlich; ergab doch die Summe der Neuschneehöhen eine für diese Jahreszeit ungewöhnliche Menge von 240 cm. Am 1. November abends war das letzte der vier Fundamente fertiggestellt worden, und am Folgetag konnte die Arbeiter auf ihren Skiern den Gipfel verlassen.

Inzwischen waren die Turmteile bei den VÖEST-Werken in Linz fertiggestellt worden. Der Transport nach Kolm-Saigurn konnte jedoch erst nach Freiwerden der Straße vom Bodenhaus nach Kolm veranlaßt werden. In diesem Straßenstück tritt die Schneeschmelze mitunter erst anfangs Juni ein, so daß der Transport erst am 18. Juni 1957 veranlaßt werden konnte. Mit den Bauteilen entsandten die VÖEST-Werke zwei tüchtige

Abb. 2. Das Observatorium Sonnblick mit dem fertiggestellten Strahlungsmeßturm. (Photo H. Tollner)

Monteure und am 22. Juni waren bereits alle Turmteile, insgesamt 5 Tonnen, auf dem Gipfel. Die Seilbahntransporte, die Montagearbeiten sowie die Nachrichtenverbindung mittels Katastrophenfunkgerät waren fast täglich durch Sturm und Gewitter empfindlich gestört und gefährdeten Menschen und Material. Ebenso stellten sperrige Bauteile größte Anforderungen an die Seilbahn und forderten allergrößte Vorsicht.

Die Strahlungsmeßgeräte trafen ebenfalls in Kolm ein und Herr Dr. Franz S a u b e r e r, der Leiter der Bioklimatologischen Abteilung der Zentralanstalt für Meteorologie in Wien und ein Gehilfe warteten brennend darauf, die Installierung der Instrumente vorzunehmen.

In den ersten Julitagen waren mit der Fertigstellung des Meßturmes (Abb. 2) alle Voraussetzungen geschaffen, die Strahlungsforschung auf dem Sonnblick zu beginnen.

L. Binder

II. Instrumentelle Ausrüstung

Sobald es die baulichen Gegebenheiten des Gerüstes erlaubten, wurde mit der Aufstellung und der Montage der Geräte für die Strahlungsmessungen und mit der Verlegung der Kabel begonnen. Das war keineswegs erst nach Abschluß aller Montagearbeiten für das Stahlgerüst, sondern eine Zeitlang arbeiteten Monteure und Wissenschaftler gleichzeitig auf den fertigen Teilen des Gerüstes und ihre Absichten zur möglichst schnellen Fertigstellung waren mitunter schwer auf einen gemeinsamen Nenner zu bringen.

Der leider inzwischen verstorbene Leiter der Bioklimatischen Abteilung, Dr. F. Sauberer, unterstützt durch die Angestellten der Zentralanstalt für Meteorologie, K. Mazura und S. Schwinghammer, besorgte die Einrichtung der Strahlungsgeräte und -registrieranlagen, und nur seiner Umsicht und reichen Erfahrung in praktischen Arbeiten ist es zu verdanken, daß trotz der Kürze der zur Verfügung stehenden Zeit mit den Registrierungen fast gleichzeitig mit dem Start des Internationalen Geophysikalischen Jahres begonnen werden konnte.

Auf der Plattform des Strahlungsturmes standen an der Südseite eine 2 m, an der Ost- und Westseite je eine 4 m lange Brüstung aus Winkelprofilen zur Anbringung der Strahlungsgeräte zur Verfügung. Auf der Brüstung wurden nebeneinander die Empfänger für

Globalstrahlung (Sternpyranometer)
Ultraviolettstrahlung (Selenphotoelement + Interferenzfilter)
Beleuchtungsstärke (Selenphotoelement + Augkorrekturfilter)
nächtliche Ausstrahlung (Thermosäule mit KRS-5-Filter)
Dämmerungshelligkeit (Selenphotoelement mit geringer Dämpfung)

aufgestellt (Abb. 3). Auch der Sonnenscheinautograph, der bisher an der Südseite des Turmaufbaues auf einem kleinen Ausleger gestanden hatte, wurde nach der Inbetriebnahme des Strahlungsturmes auf der Plattform montiert. Etwas abseits der anderen Geräte befindet sich die Registrieranordnung für die Himmelsstrahlung, ein Spezial-Sternpyranometer mit nur 3 cm Durchmesser der Glashalbkugel. Zur Abschirmung der Sonnenstrahlung ist ein kreisförmiger Metallbogen vor dem Pyranometer in einem Abstand von etwa 40 cm angebracht. Die jahreszeitliche Veränderung der Sonnenhöhe wird durch Verschieben des Bogens von Hand korrigiert.

Bei der exponierten Lage des Aufstellungsortes so empfindlicher elektrischer Geräte war von vornherein mit gewissen Störungen durch atmosphärische und elektrische Erscheinungen während des Betriebes, vor allem durch Gewitter, zu rechnen. Um dadurch bedingte Lücken der Registrierung zu vermeiden, wurde zur Überbrückung von kurzzeitigen Ausfällen der elektrischen Registrierungen auch ein Aktinograph nach Robitzsch aufgestellt.

Die Anschlußkabel der einzelnen Strahlungsgeber führen zu einem auf der Plattform montierten Verteilerkasten mit 14 Anschlüssen. Von dort leitet ein Hauptkabel über einen speziell angefertigten Erdungsschalter in die Gelehrtenstube, in der die Registriergeräte aufgestellt sind. Bei Herannahen eines Gewitters werden durch einen einfachen Handgriff am Erdungsschalter alle vom Turm kommenden Leitungen mit dem Erdungsnetz verbunden. Dadurch werden die Zuleitungen zu den Schreibern und damit auch die elektrischen Verbindungen mit dem Gebäude des Observatoriums unterbrochen. Darüber hinaus wurden vor dem Schaltbrett in der Gelehrtenstube bei jedem Element eine eigene elektrische Sicherung eingebaut und, um vollkommen sicher zu gehen, ein Ersatzschreiber angebracht, der lediglich bei einem Defekt der Hauptschreiber in Betrieb genommen wird. Diese scheinbar übertriebene dreifache Sicherung gegenüber Blitzschäden, die schon während des Baues die Hauptbedenken aller Beteiligten verursachte, erwies sich bald als berechtigt. Immerhin war es während des nunmehr fast vierjährigen Betriebes der Station nur ein einziges Mal nötig, auf die mechanische Registrierung mittels Robitzsch-Aktinograph zurückzugreifen.

Abb. 3. Plattform des Strahlungsmeßturmes mit Instrumenten. (Photo H. Tollner)

Ein analoges Verteilerschaltbrett wie auf dem Turm befindet sich an der Südwand der Gelehrtenstube. Von diesem können die einzelnen Elemente in übersichtlicher Weise auf ein zweites Schreiber-Schaltbrett übernommen werden. Als Registriergeräte dienen zwei 6-Farben-Fallbügelschreiber der Fa. Schenk, Wien, mit niedrigem Innenwiderstand (etwa 5 Ohm) für die Registrierung der Thermospannung der Pyranometer und mit einem Innenwiderstand von etwa 500 Ohm zur Aufzeichnung der Photoströme. Der Ersatzschreiber ist ein Rekord-2-Farben-Fallbügelschreiber der gleichen Firma.

Wie die bisherigen Erfahrungen gezeigt haben, hat sich die technische Einrichtung auch über längere Zeit durchaus bewährt. Die Schwierigkeiten, die sich einer lückenlosen Aufzeichnung der Strahlungskomponenten im Gipfelbereich der Ostalpen entgegenstellen, sind vor allem Schneeablagerungen, Vereisung und Rauhreifansätze an den Strahlungsgebern. Einen wirksamen Schutz dagegen bieten lediglich geheizte Empfänger, für die jedoch der nötige Strom auf dem Sonnblick nicht verfügbar ist. Wir sind daher auf eine gewissenhafte Wartung und Reinigung der Strahlungsgeber durch die Beobachter angewiesen. Weiters werden die Zeiten mit absolut einwandfreier Beschaffenheit der Empfänger protokolliert, so daß bei der Verarbeitung mangelhafte Registrierungen ausgeschieden werden können. Wiederholte Eichungen geben über eventuelle Veränderungen in der Empfindlichkeit der Geräte Aufschluß. Es kann heute bereits gesagt werden, daß das ursprüngliche Wagnis, extrem schwache Ströme durch eine Dauerregistrierung in einer derart exponierten Lage zu erfassen, durchaus gerechtfertigt war.

Inge Dirmhirn

Blitzschutzanlage des Sonnblick-Observatoriums und der Materialseilbahn

Zwecks Ausarbeitung eines Vorschlages für die Erneuerung der schadhaften Blitzschutzanlage des im Zittelhaus untergebrachten Sonnblick-Observatoriums und zur Errichtung einer solchen Anlage für die Materialseilbahn hatte im Frühjahr 1957 der Sonnblickverein mit Herrn Doz. Dr. Dipl.-Ing. V. Fritsch Fühlung genommen. Er erklärte sich in dankenswerter Weise bereit, den Sonnblickverein in dieser Angelegenheit kostenlos zu beraten.

Die Österreichische Brown-Boveri-Werke AG wurde eingeladen, ein diesbezügliches Projekt und Anbot auszuarbeiten.

Da keine konkreten Angaben über den tatsächlichen Zustand der bestehenden Blitzschutzanlage am Observatorium bestanden, haben Herren der genannten Firma im Juni 1957 das Zittelhaus besichtigt. Mittels Photos wurde die bestehende Blitzschutzanlage festgehalten und auf Grund des Ergebnisses der Besichtigung sowie der uns zur Verfügung gestellten Pläne das Projekt erstellt. Nach Genehmigung diees Projektes durch Herrn Doz. Dr. Dipl.-Ing. V. Fritsch hat der Sonnblickverein im August 1957 der Firma Österreichische Brown-Boveri-Werke AG den Auftrag zur Errichtung einer Blitzschutzanlage für das Sonnblick-Observatorium, das Zittelhaus und die Seilbahn erteilt.

Wegen der herrschenden Schlechtwetterlage konnte erst am 10. Oktober 1957 mit den Arbeiten begonnen werden, und zwar zunächst mit der Anlage für die Talstation. Die Talstation hat ein Duralblechdach, an welches vier Ableitungen angeschlossen wurden. Dementsprechend wurden vier 25 m lange Strahlenerder aus verzinktem Bandeisen, 30×3 mm, welche noch mittels einer Ringleitung verbunden wurden, verlegt. Der Ausbreitungswiderstand der Erder wurde mit 50 Ohm gemessen.

Weiters wurde die Tragstütze ebenfalls mit vier Strahlenerdern geerdet, welche noch untereinander mit weiteren Erdern kleeblattförmig verbunden wurden, um einen geringen Ausbreitungswiderstand zu erreichen. Da die ersten Meßergebnisse nicht zufriedenstellend waren, wurden die Erder verlängert. Wegen starken Schneefalles mußte die Fortsetzung der Arbeiten auf das Jahr 1958 verschoben werden.

Auf dem Sonnblick selbst wurde mit den Arbeiten am 1. August 1958 begonnen. Es wurden sämtliche bestehenden First- und Dachfangleitungen durch neue Leitungen aus verzinktem Eisendraht, 7 mm Durchmesser, ersetzt. Die Dachfangleitungen wurden als engmaschiges Netz verlegt, so daß ein allseitig geschlossener Käfig entstanden ist. Die für die Befestigung dieser Leitung erforderlichen Stützen mit Regenschutzblech wurden durch die Schindeln in die Dachbalken eingeschraubt und mit Miniumkitt abgedichtet. Die 14 Verankerungsstangen für das Gebäude wurden ebenfalls als Ableitungen (insgesamt 17) verwertet. Das Schutzgeländer, welches durch Steinpfeiler unterbrochen ist, wurde durch Bügel verbunden und in die Blitzschutzanlage einbezogen. Der Strahlungsmeßturm wurde ebenfalls mit der Blitzschutzanlage verbunden und die vier Stahlholme an die bereits bestehende Erderleitung aus Kupfer angeschlossen. Zusätzlich wurde eine weitere Erderringleitung aus verzinktem Bandeisen, 30 × 3 mm, verlegt, welche sämtliche Objekte umschließt. Die beiden Erderleitungen wurden miteinander verbunden.

Auf der Pendelhütte südwestlich des Zittelhauses wurden die Dachfangleitungen angeschlossen. Die vier Ableitungen dieses Objektes wurden mit der Erderringleitung verbunden. Da die Bergstation der Materialseilbahn mit Furalblech von einer Stärke von 0,6 mm gedeckt ist, konnte von First- und Dachfangleitungen Abstand genommen werden. An den Gebäudeecken und in der Objektmitte wurden insgesamt 6 Ableitungen zur Ringleitung vorgesehen. Das Tragseil, die Maschineneinrichtung und die Rollenlager der Materialseilbahn wurden ebenfalls geerdet.

Der Sonnblickgipfel besteht aus Gneisblöcken, die zum Teil auf Eis, zum Teil auf gewachsenem Fels ruhen. Es ist daher schwer, einen entsprechenden Ausbreitungswiderstand für die Erdungsanlage zu erreichen. Um diese bei den gegebenen Verhältnissen zu verbessern, wurden die beiden Erder für das Zittelhaus und das Observatorium an das Trag- und Zugseil der Materialseilbahn angeschlossen, und so eine Verbindung mit den Erdern der Tragstütze und der Talstation hergestellt.

Die Blitzschutzanlage wurde am 22. August 1958 fertiggestellt.

Österreichische Brown-Boveri-Werke AG, Wien

Ein Metallsteg über den Abfluß des Großen Goldberggletschers

Der Gletscherbach oberhalb des verfallenen Radhauses (Abfluß des Großen Goldbergkeeses) konnte seit vielen Jahren, vor allem im Frühsommer, zeitweilig nur beschwerlich und nicht ganz gefahrlos überschritten werden. Der über den Bach gelegte Holz-

steg lag nicht stabil und wurde wiederholt auch von Hochwasser weggerissen. Ängstliche Bergsteiger scheuten bisweilen diesen unsicher scheinenden Steg und überquerten auch nicht gerade bequem den Gletscherbach viel höher oben. Zur Beseitigung dieses Übelstandes stiftete die Firma Hans R e n d l, Salzburg, einen eisernen, eigens für diesen

Übergang konstruierten Steg. Es handelt sich um eine zweiwandige, trogförmige Fachwerkträgerbrücke, der die Fachwerkträger gleichzeitig als Geländer dienen.

Der Metallsteg wurde von Pionieren des Österreichischen Bundesheeres am 27. September 1959 aufgestellt. Er wird jeweils vor Anbruch des Winters eingezogen und nach Weggang des Schnees wieder aufgestellt.

H. Tollner

Totalisatorenbeobachtungen im Sonnblickgebiet im Zeitraum 1927 bis 1959

Von Maria Roller, Wien

Mit 1 Textabbildung

Zur Erforschung der Niederschlagsverhältnisse im Hochgebirge wurden in den Jahren 1927 bis 1928 im Sonnblick-Gebiet die ersten Totalisatoren aufgestellt, die mit wenigen Ausnahmen bis heute noch in Betrieb sind. Seither sind schon bedeutende wissenschaftliche Abhandlungen erschienen, die die Beobachtungsergebnisse dieser Meßreihen verarbeiteten (siehe Literaturverzeichnis) und Aufschluß gaben über die Niederschlagsverhältnisse im Bereiche der Hohen Tauern, doch eine Veröffentlichung der einzelnen Meßwerte erfolgte bisher nicht.

Zum Sammeln des Niederschlages dienten, um störende Windeinflüsse möglichst auszuschalten, Totalisatoren, die mit einem Nipherring ausgestattet sind.

Tabelle 1: Durchschnittliche Niederschlagsmengen in mm Wasserwert

Jan.	Febr.	März	April	Mai	Juni	Juli	Aug.	Sept.	Okt.	Nov.	Dez.	Jahr
Kolm-Saigurn, 1600 m (17 Jahre)												
93	110	113	117	145	163	188	152	153	122	123	92	1571
Maschine, 2120 m (24 Jahre)												
117	105	137	142	192	189	219	189	166	145	132	109	1842
Unterhalb der Rojacherhütte, 2570 m (20 Jahre)												
111	126	133	152	202	189	222	214	177	153	126	114	1919
Unterhalb der Rojacherhütte, 2580 m (26 Jahre)												
198	185	197	230	216	226	261	241	193	174	149	176	2446
Hoher Sonnblick (horizontale Auffangfläche), 3076 m (26 Jahre)												
194	201	206	212	209	235	270	247	193	185	153	202	2507
Brett, 2860 m (26 Jahre)												
144	123	130	131	180	193	211	190	167	131	117	112	1829
Oberes Fleißkees, 2810 m (32 Jahre)												
138	128	140	154	182	193	215	218	153	147	138	123	1929
Unteres Fleißkees, 2560 m (32 Jahre)												
128	116	120	141	157	175	197	193	146	134	109	110	1726

In den nachfolgenden Tabellen wurden die einzelnen Meßwerte zusammengestellt, offensichtliche Fehler ausgebessert und vorhandene Beobachtungslücken mit Hilfe der Nachbarstationen ergänzt. In Zweifelsfällen wurde die Angleichung analog [10] vorgenommen. Soferne der vorgeschriebene Beobachtungstermin, jeweils das Monatsende, durch die Ungunst der Witterung nicht eingehalten werden konnte, wurden die Werte auf den vorgeschriebenen Zeitraum reduziert, um vergleichbare Werte zu erhalten. Die Angabe der Niederschlagsmenge erfolgt in mm Wasserwert.

Eine Zusammenstellung der langjährigen Mittelwerte der einzelnen Meßstellen ist Tabelle 1 zu entnehmen. Von einer Reduktion der Mittelwerte auf den gleichen Zeitraum wurde abgesehen, da die Beobachtungszeiträume zu verschieden sind.

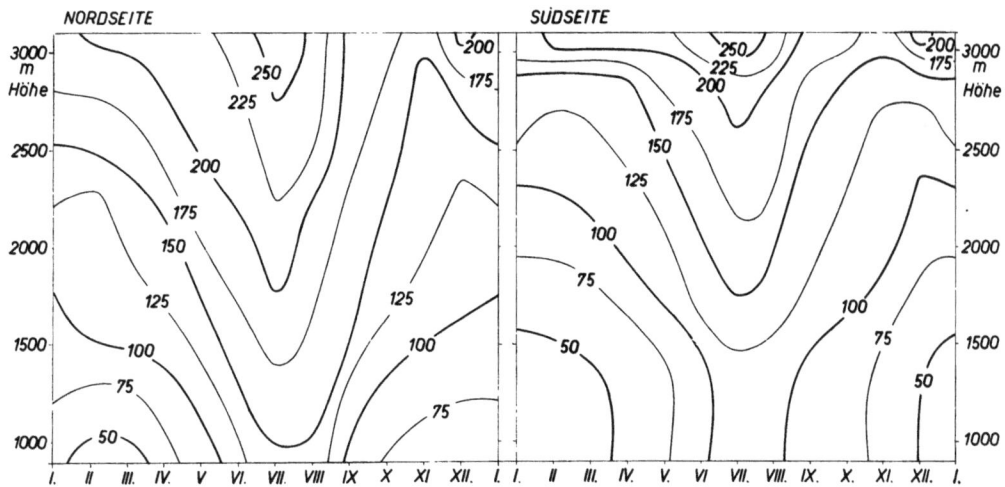

Abb. 1. Höhenabhängigkeit des Jahresganges der Monatsniederschläge (mm) an der Nordseite und an der Südseite der hohen Tauern im Sonnblickgebiet.

Die Höhenabhängigkeit des Jahresganges der Niederschläge auf der Nord- und Südseite der Hohen Tauern wurde in der Abbildung 1 a und b dargestellt. Es wurden hiebei jeweils die Höhenlagen zwischen 900 bis 3100 m Seehöhe erfaßt. Die Niederschlagsverhältnisse der Nordseite lassen eine stetige Zunahme der Niederschlagsmengen mit der Seehöhe erkennen, während auf der Südseite die Niederschlagsmengen bis nahezu 1500 m konstant bleiben und erst darüber mit der Seehöhe zunehmen. Niederschlagsmengen unter 50 mm sind auf der Nordseite nur unter 1000 m Seehöhe während der ersten Monate des Jahres, auf der Südseite aber schon von Dezember bis März bis in Seehöhen von 1500 m beobachtet worden. Im Juli wurde eine monatliche Niederschlagsmenge von 1550 mm auf der Nordseite schon in 1000 m, auf der Südseite dagegen erst in 1750 m Seehöhe gemessen. Monatssummen von 200 mm wurden auf der Südseite im Juli nur über 2600 m Seehöhe, auf der Nordseite aber schon um 1800 m festgestellt.

Seit September 1958 steht auf dem Sonnblick neben dem Totalisator mit horizontaler, auch ein Totalisator mit hangparalleler Auffangfläche in Verwendung. Die Meßergebnisse dieser kurzen, gleichzeitigen Beobachtungsreihe sind in Tabelle 2 zusammengestellt.

Um eine Übersicht über die Lage der einzelnen Meßstellen zu erhalten, soll hier auszugsweise eine Beschreibung der Umgebung der Stationen nach F. S t e i n h a u s e r [1, 2] wiedergegeben werden.

Tabelle 2. Vergleich der Beobachtungsergebnisse des Totalisators mit horizontaler (a) und des Totalisators mit hangparalleler (b) Auffangfläche auf dem Hohen Sonnblick. (γ = Quotient a:b)

		Jan.	Febr.	März	April	Mai	Juni	Juli	Aug.	Sept.	Okt.	Nov.	Dez.	Jahr
1958	a	—	—	—	—	—	—	—	—	163	323	197	280	—
	b	—	—	—	—	—	—	—	—	240	400	220	320	—
	q	—	—	—	—	—	—	—	—	0,68	0,81	0,90	0,88	—
1959	a	220	200	140	260	460	300	350	300	25	100	60	360	2785
	b	300	100	160	460	400	500	300	500	25	100	60	340	3245
	q	0,73	2,00	0,88	0,57	1,15	0,60	1,20	0,60	1,00	1,00	1,00	1,06	0,86

Die Meßstellen sind in verschiedenen Höhen auf der Nord- und Südseite der Hohen Tauern im Sonnblick-Massiv aufgestellt, und zwar:

Nordseite:

1. „Kolm-Saigurn, 1600 m, ebener Talboden.
2. Maschin-Riegel, 2120 m. Oberhalb der Steilstufe, die das Rauristal südlich von Kolm abschließt, auf einem östlich vom Maschintal eben gegen Norden vorgeschobenen Felsrücken (stark windexponiert).
3. Unterhalb der Rojacherhütte, 2570 m, auf der Moräne, bzw. zwischen den Zungenlappen des Kleinen Sonnblickkeeses, ziemlich frei auf einer vorgeschobenen Felsrippe (sehr stark windexponiert).
4. Unterhalb der Rojacherhütte, 2580 m, auf einem von Nordnordwest nach Südsüdost verlaufenden und gegen den Großen Goldberggletscher abschwingenden Felsrücken, der sich zwischen den Zungenlappen des Kleinen Sonnblickkeeses befindet. Der Rücken fällt besonders steil gegen Osten ab (stark windexponiert).

Wasserscheide:

5. Hoher Sonnblick, (horizontale Auffangfläche), 3076 m, auf der Südseite des stark windexponierten, felsigen Gipfelaufbaues des Rauriser Sonnblicks, außerhalb des Großen Goldberggletschers, Steilhanglage.

Südseite:

6. Brett, 2860 m, westlich der oberen Brettscharte im weiten, nun gletscherfreien Boden des ehemaligen Großen Zirknitzkeeses auf mäßig gegen Süden geneigtem Geröllhang, im Norden durch die Goldbergspitze und gegen Nordwesten und Nordosten durch dessen Ausläufer vom Kleinen Fleißkees, bzw. vom Oberen Ochsenkarkees getrennt (windexponiert).
7. Oberes Fleißkees, 2810 m (beim mittleren Bruch des Kleinen Fleißkeeses), auf Geröllfeld mäßiger Neigung gegen Südsüdwest exponiert, durch Moräne vom Zungenende des Kleinen Fleißkeeses getrennt (hinsichtlich Windeinflüssen guter Aufstellungsplatz).
8. Unteres Fleißkees, 2560 m. Unterer Abbruch des Kleinen Fleißkeeses durch Moräne vom Zungenende des Kleinen Fleißkeeses getrennt; Geröllhang fällt mäßig gegen Westen ab. Totalisator steht aber unmittelbar vor dem Steilhang des engen Kleinen Fleißkeeses (mäßig windexponiert).

Alle wissenschaftlichen Abhandlungen, die sich mit Verarbeitungen von Totalisatormessungen im Sonnblick-Gebiet bisher befaßten, wurden nachstehend zusammengestellt:

Literatur

[1] F. Steinhauser, Ergebnisse neuerer Beobachtungen über die Niederschlagsverhältnisse im Sonnblickgebiet, Jahresbericht des Sonnblick-Vereines 1932, 13.
[2] F. Steinhauser, Neuere Ergebnisse von Niederschlagsbeobachtungen in den Hohen Tauern (Sonnblickgebiet), Meteorol. Z. 1934, 36.
[3] F. Steinhauser, Die Meteorologie des Sonnblicks, I. Teil, Beiträge zur Hochgebirgsmeteorologie nach Ergebnissen 50jähriger Beobachtungen des Sonnblick-Observatoriums, 3106 m, Wien, Springer Verlag 1938.
[4] H. Tollner, Zum Problem Eishaushalt und Niederschlag im Hochgebirge, Mitt. d. Geogr. Ges. in Wien, Bd. 90, 1948.
[5] F. Steinhauser, Über die Struktur des Jahresganges des Niederschlages am Zentralalpenkamm, Wetter und Leben, 1949, 1.
[6] F. Steinhauser, Untersuchungen über die Schneedeckenverhältnisse im Hochgebirge auf der Großglockner-Hochalpenstraße, Geofisica pura e applicata 17, 173, 183 (1950).
[7] H. Tollner, Über Schwankungen von Mächtigkeit und Dichte Ostalpiner Firnfelder, Archiv für Met. Geoph. Bioklim. Serie B, III, 189 (1951).
[9] H. Tollner, Die meteorologisch-klimatischen Ursachen der Gletscherschwankungen in den Ostalpen während der letzten zwei Jahrhunderte, Mitteilungen der Geogr. Ges. 1954.
[10] H. Tollner, Niederschlagsverhältnisse im Gebiet des Rauriser Sonnblicks, Jahresbericht des Sonnblick-Vereines 1951—1952, 1954, 13.
[11] F. Lauscher und M. Roller, Die Schwankungen der Niederschlagsabhängigkeit von der Seehöhe, beurteilt nach dreißigjährigen Totalisatorenbeobachtungen in den Hohen Tauern, Wetter und Leben, 8, 180, 1956.
[12] H. Tollner, Zur Niederschlagsmessung in den Alpen, Wetter und Leben, 8, 173, 1956.
[13] H. Tollner, Bericht über die Eisstände der Gletscher der Großglockner- und Sonnblickgruppe im Frühherbst 1954, 1955 und 1956, 51.—53. Jahresbericht des Sonnblick-Vereines, Wien 1957, 33—38.

Anhang

Beobachtungsergebnisse in der Totalisatoren im Sonnblickgebiet
(Niederschlagsmengen in mm Wasserwert)

1. Kolm—Saigurn, 1600 m

	Jan.	Febr.	März	April	Mai	Juni	Juli	Aug.	Sept.	Okt.	Nov.	Dez.	Jahr
1934	107	18	107	175	157	207	232	303	125	161	182	242	2016
35	75	225	75	139	176	90	110	90	50	383	250	103	1766
36	79	71	96	150	170	82	71	43	145	50	45	145	1147
37	100	282	320	139	50	75	128	200	225	200	86	121	1926
38	89	82	95	198	179	250	242	275	85	50	65	89	1699
39	45	60	179	53	222	153	100	97	222	242	129	105	1607
1940	64	67	147	136	238	142	172	265	177	106	53	18	1585
41	53	18	71	177	71	106	247	177	106	140	140	53	1359
42	71	35	35	106	265	177	247	35	195	125	71	71	1433
43	71	18	18	106	159	210	140	106	300	18	106	35	1287
44	35	159	177	106	318	159	159	140	71	194	212	106	1836
45	88	71	71	53	35	229	159	53	88	35	35	88	1005
46	53	212	35	35	71	212	245	202	84	109	134	26	1418
47	90	73	168	35	71	114	286	45	109	17	277	163	1448
48	223	325	100	100	139	392	388	301	191	72	25	53	2309
49	247	53	180	185	124	112	130	128	125	41	140	72	1537
1950	89	72	54	89	18	54	129	103	304	132	136	80	1260
Mittel	93	110	113	117	145	163	188	152	153	122	123	92	1571

2. Maschine, 2120 m

	Jan.	Febr.	März	April	Mai	Juni	Juli	Aug.	Sept.	Okt.	Nov.	Dez.	Jahr
1927	165	90	130	130	110	140	110	160	100	50	320	40	1545
28	100	90	160	140	240	180	164	260	245	175	285	105	2144
29	90	40	60	170	170	130	145	120	55	200	105	95	1380
1930	70	60	185	165	225	83	250	200	165	100	125	60	1688
31	170	185	105	120	160	210	235	305	230	150	140	264	2274
32	110	30	95	170	150	190	145	140	80	185	155	80	1530
33	30	45	90	125	350	325	200	160	210	200	170	114	2019
34	71	89	178	70	143	282	217	200	128	129	189	150	1846
35	135	189	50	31	210	146	71	67	16	325	100	118	1458
36	71	125	60	215	250	178	338	143	196	79	71	121	1847
37	43	135	232	210	21	50	196	171	222	178	46	111	1615
38	90	130	145	190	200	280	250	290	140	50	75	90	1930
39	60	50	230	115	180	110	175	200	250	340	130	150	1990
1940	63	62	160	225	300	193	239	265	177	140	71	35	1930
41	106	106	140	212	177	140	282	229	106	177	88	88	1851
42	53	53	35	106	247	177	310	53	190	154	106	35	1519
43	70	40	30	230	375	400	160	125	300	70	175	125	2100
44	190	150	330	75	300	200	225	175	110	140	110	105	2110
45	125	75	220	180	75	260	100	225	260	100	60	220	1900
46	71	177	18	70	194	88	335	415	57	235	150	100	1910
47	195	125	275	70	177	176	274	100	140	25	190	173	1920
48	315	350	95	100	155	371	358	264	197	85	35	75	2400
49	300	50	220	180	190	147	300	145	140	89	150	89	2000
1950	107	72	54	107	20	89	172	114	256	104	131	80	1306
Mittel	117	105	137	142	192	189	219	189	166	145	132	109	1842

3. Unterhalb der Rojacherhütte, 2570 m

	Jan.	Febr.	März	April	Mai	Juni	Juli	Aug.	Sept.	Okt.	Nov.	Dez.	Jahr
1927	220	100	110	200	200	220	170	210	210	60	200	53	1953
28	140	190	195	115	340	265	165	280	190	160	220	85	2345
29	75	35	115	130	180	140	170	130	30	203	155	160	1523
1930	100	60	120	190	270	105	295	265	165	80	100	65	1815
31	165	275	170	130	130	155	305	215	210	140	150	190	2235
32	90	40	139	210	120	195	165	170	105	210	140	65	1649
33	30	60	115	135	320	351	185	177	222	219	167	109	2090
34	54	143	178	61	125	288	249	350	200	80	136	136	2000
35	167	450	32	52	108	89	82	78	18	331	129	139	1675
36	100	143	96	214	225	153	250	151	272	68	79	159	1910
37	96	142	288	238	125	178	207	257	222	207	50	139	2149
38	90	110	140	260	190	280	240	310	160	50	80	90	2000
39	90	50	200	100	210	110	175	200	250	300	135	160	1980
1940	80	90	180	180	300	160	210	280	210	120	50	140	2000
41	65	45	88	204	177	71	371	224	101	229	121	180	1876
42	177	51	35	140	229	159	335	106	230	160	106	18	1746
43	177	35	18	177	265	335	194	140	247	35	177	71	1871
44	106	177	212	106	285	210	247	230	210	177	177	71	2208
45	125	100	150	125	75	175	135	150	210	53	37	177	1512
46	70	229	71	71	160	150	285	354	87	180	123	70	1850
Mittel	111	126	133	152	202	189	222	214	177	153	126	114	1919

4. Unterhalb der Rojacherhütte, 2580 m

	Jan.	Febr.	März	April	Mai	Juni	Juli	Aug.	Sept.	Okt.	Nov.	Dez.	Jahr
1934	18	179	285	285	211	314	239	410	171	157	136	200	2605
35	93	575	125	73	252	71	107	71	107	491	184	149	2298
36	146	114	129	246	257	210	357	203	336	107	107	228	2440
37	107	248	495	253	107	132	250	314	300	217	57	207	2687
38	161	175	230	397	225	310	306	352	188	89	143	150	2726
39	160	110	250	150	270	150	260	250	310	380	200	210	2700
1940	150	140	275	270	400	175	285	358	270	106	71	250	2750
41	105	100	180	235	190	173	410	265	140	250	53	159	2260
42	423	140	71	247	265	229	318	124	315	250	159	53	2594
43	212	53	18	282	371	291	177	115	353	71	212	140	2295
44	212	180	250	145	340	180	191	250	195	190	250	175	2558
45	177	140	188	388	71	180	90	141	215	71	35	265	1961
46	88	304	177	140	247	176	318	388	108	162	153	39	2300
47	180	145	330	105	140	240	275	125	240	150	230	240	2400
48	274	400	100	80	160	371	343	240	140	80	40	100	2328
49	375	80	240	195	218	122	292	167	89	65	155	120	2118
1950	225	207	91	175	75	125	243	207	277	150	175	150	2100
51	425	257	190	222	148	218	160	193	100	20	360	157	2450
52	128	136	235	90	158	216	180	235	210	383	236	170	2377
53	175	51	36	210	128	313	210	286	107	124	26	86	1752
54	359	47	149	282	218	232	420	220	180	198	162	426	2893
55	121	278	137	314	306	299	358	185	200	241	73	225	2737
56	152	40	378	387	155	326	191	294	189	298	314	155	2879
57	268	303	107	343	179	314	304	393	136	36	71	107	2561
58	280	311	268	160	50	143	160	250	112	158	207	137	2236
59	146	89	193	300	464	376	351	241	25	80	61	275	2601
Mittel	198	185	197	230	216	226	261	241	193	174	149	176	2446

5. Hoher Sonnblick, 3076 m

	Jan.	Febr.	März	April	Mai	Juni	Juli	Aug.	Sept.	Okt.	Nov.	Dez.	Jahr
1930	—	—	—	—	—	—	—	—	—	—	—	—	2373
31	—	—	—	—	—	—	—	—	—	—	—	—	2368
32	—	—	—	—	—	—	—	—	—	—	—	—	2026
33	—	—	—	—	—	—	—	—	—	—	—	—	2850
34	125	165	315	54	102	375	416	450	178	111	217	21	2519
35	89	544	125	105	210	105	125	120	155	300	89	203	2170
36	150	196	78	153	238	178	297	182	342	261	46	328	2449
37	249	260	300	203	29	93	299	307	285	200	100	278	2603
38	172	250	273	370	157	295	275	332	175	100	126	130	2655
39	150	115	250	135	250	104	241	234	294	360	177	190	2500
1940	145	135	304	302	400	185	244	358	194	71	53	159	2550
41	140	85	140	215	180	140	380	265	180	320	56	315	2416
42	125	120	75	160	300	250	353	90	265	230	180	75	2223
43	140	35	35	282	424	459	177	106	194	71	247	124	2294
44	250	170	491	155	350	175	315	300	160	140	270	240	3016
45	159	177	388	388	71	124	71	106	388	53	35	300	2260
46	68	459	156	76	177	140	247	423	108	204	153	44	2255
47	156	123	318	95	135	264	265	120	230	154	215	195	2270
48	259	425	127	109	209	401	348	247	177	141	53	147	2643
49	463	90	265	200	247	141	371	194	157	107	184	148	2567
1950	250	239	132	205	86	159	284	250	300	165	182	175	2427
51	432	253	175	223	165	213	189	167	111	43	377	189	2537
52	125	143	195	74	148	215	178	226	210	308	242	131	2195
53	151	92	100	300	114	266	154	382	154	138	32	138	2021
54	258	39	132	258	232	234	405	215	148	215	184	392	2712
55	90	161	89	347	343	229	292	193	168	217	211	392	2732
56	105	190	410	388	166	356	146	221	157	332	214	232	2917
57	250	286	100	340	143	428	393	393	125	46	89	78	2671
58	321	282	278	103	91	287	195	237	163	323	197	280	2717
59	220	200	140	260	460	300	360	300	25	100	60	360	2785
Mittel	194	201	206	212	209	235	270	247	193	185	153	202	2507

6. Brett, 2860 m

	Jan.	Febr.	März	April	Mai	Juni	Juli	Aug.	Sept.	Okt.	Nov.	Dez.	Jahr
1927	191	90	135	100	180	200	180	240	210	95	160	55	1836
28	130	160	140	60	315	285	160	220	202	110	220	130	2132
29	90	45	115	170	130	145	155	160	50	210	85	165	1520
1930	120	65	160	175	235	70	200	235	150	145	180	65	1800
31	110	160	101	110	175	200	275	300	260	105	75	150	2021
32	105	65	140	175	175	135	174	180	105	175	150	85	1664
33	60	35	90	120	363	330	187	164	221	207	145	118	2040
34	143	161	107	39	86	354	320	250	189	86	100	46	1881
35	128	339	83	54	175	75	132	93	60	242	71	88	1540
36	100	148	56	128	175	143	238	151	246	108	25	182	1700
37	114	164	143	153	71	235	278	250	197	82	50	90	1827
38	68	125	143	272	168	264	207	267	186	75	71	64	1910
39	60	45	225	114	213	107	106	162	252	300	152	164	1900
1940	92	87	185	193	325	154	202	275	176	108	50	103	1950
41	140	53	71	212	88	106	300	212	140	177	35	140	1674
42	318	55	35	71	247	194	335	71	159	159	140	96	1880
43	159	140	16	177	229	282	159	71	106	35	140	106	1620
44	145	75	210	105	419	247	265	159	71	153	71	71	1991
45	71	88	140	247	53	230	160	159	318	35	35	245	1781
46	75	300	71	53	159	159	212	335	86	125	107	88	1770
47	120	69	300	58	118	200	225	143	418	60	205	98	1780
48	303	325	100	89	177	384	324	247	171	100	35	95	2350
49	335	80	255	259	173	123	305	135	123	100	123	89	2100
1950	107	89	54	125	20	72	148	120	161	114	112	113	1235
51	305	115	85	85	74	129	82	102	95	20	301	89	1482
52	142	118	211	60	125	196	150	245	225	280	240	175	2167
Mittel	144	123	130	131	180	193	211	110	167	131	117	112	1829

7. Oberes Fleißkees, 2810 m

	Jan.	Febr.	März	April	Mai	Juni	Juli	Aug.	Sept.	Okt.	Nov.	Dez.	Jahr
1928	133	143	165	102	382	223	142	336	202	190	260	110	2388
29	105	30	75	150	170	120	155	168	75	175	155	145	1523
1930	155	75	155	185	190	70	300	240	210	95	165	60	1900
31	85	215	75	115	200	225	260	335	175	135	110	150	2080
32	40	50	110	195	140	185	125	120	100	175	131	60	1431
33	45	53	60	160	320	315	170	181	200	190	177	129	2000
34	71	100	196	64	168	189	298	270	210	79	75	210	1930
35	103	260	29	143	260	110	115	100	120	273	142	142	1797
36	96	157	111	153	228	118	253	200	244	55	7	118	1740
37	54	164	252	139	129	228	217	303	232	135	57	89	1999
38	90	140	165	285	196	252	264	278	155	59	78	88	2050
39	84	46	225	100	203	100	125	204	258	300	150	155	1950
1940	81	90	190	210	327	168	192	272	177	90	53	150	2000
41	65	35	110	230	105	90	319	230	105	195	125	210	1819
42	75	70	55	85	185	125	350	140	190	185	140	75	1675
43	75	60	18	140	288	300	159	88	177	71	140	71	1587
44	175	165	265	180	260	215	317	317	190	235	210	155	2684
45	194	18	159	71	35	265	53	229	282	53	53	140	1552
46	71	275	53	43	106	129	225	300	87	130	101	30	1550
47	120	95	250	35	71	90	188	97	161	122	212	119	1560
48	350	368	90	107	165	392	328	247	197	92	23	44	2403
49	385	85	245	227	181	113	320	178	114	81	141	96	2166
1950	117	124	72	126	36	72	143	125	159	39	135	112	1260
51	300	124	86	73	53	120	74	102	57	13	326	89	1417
52	129	155	236	48	150	203	97	206	136	272	260	118	2010
53	127	63	89	186	165	190	89	223	98	116	28	119	1493
54	249	33	98	176	164	194	346	142	127	186	107	236	2058
55	37	183	55	232	319	198	314	220	165	199	127	90	2139
56	48	46	317	218	259	365	149	219	143	269	391	107	2531
57	196	214	79	407	143	271	304	304	36	61	54	54	2123
58	381	427	265	104	71	122	120	220	100	200	160	162	2332
59	178	40	115	233	152	407	367	386	25	220	140	308	2571
Mittel	138	128	140	154	182	193	215	218	153	147	138	123	1929

8. Unteres Fleißkees, 2560 m

	Jan.	Febr.	März	April	Mai	Juni	Juli	Aug.	Sept.	Okt.	Nov.	Dez.	Jahr
1928	121	130	145	102	382	191	164	290	193	160	215	105	2198
29	60	30	60	125	150	100	110	170	70	145	50	122	1192
1930	75	50	140	150	195	65	235	220	155	125	95	85	1590
31	115	120	125	130	100	170	270	195	184	170	110	130	1819
32	80	50	100	210	88	160	145	120	95	145	125	45	1363
33	25	35	55	110	290	310	161	164	200	186	131	113	1780
34	71	54	143	68	93	250	277	364	200	100	111	79	1810
35	111	296	32	55	235	96	82	100	174	223	110	103	1617
36	100	128	107	157	182	104	225	124	143	96	82	114	1562
37	64	89	178	93	111	196	214	275	217	121	11	61	1630
38	95	130	165	282	181	245	225	242	150	60	85	90	1950
39	76	180	200	100	179	92	126	194	239	275	119	120	1900
1940	81	95	180	175	295	158	194	240	159	106	88	179	1950
41	105	35	70	245	140	70	263	215	75	175	125	280	1798
42	95	90	25	65	160	100	230	140	230	160	115	75	1485
43	90	53	18	124	194	300	106	106	194	35	71	51	1342
44	160	120	160	90	250	190	250	195	141	190	140	90	1976
45	140	18	142	53	53	247	35	229	264	88	35	194	1498
46	35	229	50	35	124	188	212	318	83	95	104	27	1500
47	150	95	240	53	66	151	216	101	158	41	169	70	1510
48	270	330	80	125	143	423	388	264	219	106	18	80	2446
49	348	75	235	200	175	126	299	169	108	69	127	85	2016
1950	121	141	54	125	28	54	135	107	143	58	134	127	1227
51	312	174	116	40	52	113	95	115	77	20	282	71	1467
52	110	135	215	38	132	185	125	191	120	250	191	100	1792
53	70	29	66	148	114	159	117	148	108	92	25	109	1185
54	194	25	70	160	148	185	329	134	134	171	96	205	1851
55	27	145	54	218	286	175	282	198	133	121	42	102	1783
56	41	31	283	195	208	175	95	194	132	224	205	71	1854
57	143	232	69	493	114	239	207	233	43	36	43	14	1866
58	393	370	217	156	89	107	110	200	92	240	180	132	2286
59	228	20	52	183	86	296	380	224	20	200	60	282	2031
Mittel	128	116	120	141	157	175	197	193	146	134	109	110	1726

Heinrich Ficker †

Seit 1912 Mitglied des Sonnblickvereins, wurde emer. Univ.-Prof. Dr. Dr. h. c. H. Ficker, als er im Jahre 1937 die Leitung der Zentralanstalt für Meteorologie und Geodynamik übernahm, auch zum Vorsitzenden des Sonnblickvereins und zum Leiter der Höhenobservatorien gewählt und blieb in dieser Funktion bis zu seinem Rücktritt im Jahre 1950. In der Generalversammlung vom 16. Mai 1950 wurde Prof. Ficker zum Ehrenpräsidenten des Vereins gewählt.

Der Sonnblickverein fand in Prof. Ficker den größten Förderer, vor allem in den Jahren unmittelbar nach dem zweiten Weltkrieg. Seinen angestrengten Bemühungen ist es damals gelungen, den Bestand des Observatoriums zu sichern und den Betrieb ungestört weiterzuführen. Dank seiner persönlichen Initiative hat das Bundesministerium für Unterricht die Entlohnung der Wetterbeobachter übernommen und verschiedene wichtige moderne Einrichtungen für die Versorgung und die Nachrichtenübermittlung geschaffen. Prof. Ficker hat sich auch mit größtem Erfolg bemüht, die restlichen Mittel für den Bau der Materialseilbahn auf den Sonnblick aufzubringen, indem er von Wirtschaftskreisen bedeutende Spenden hiefür erhalten konnte.

Ficker war in jüngeren Jahren ein begeisterter und erfolgreicher Bergsteiger. Auch sein wissenschaftliches Interesse verband ihn eng mit der Bergwelt unserer Alpen, war doch der Föhn eines seiner Lieblingsprobleme, die er bis ins hohe Alter weiter untersucht hat. Er hat auch alle, die auf dem Observatorium wissenschaftlich arbeiten wollten, gerne beraten und ihnen jede Unterstützung durch den Sonnblickverein angedeihen lassen.

Der Sonnblickverein verliert in ihm einen seiner verdienstvollsten Förderer. Im persönlichen Kontakt immer von größter Liebenswürdigkeit und edelster Gesinnung, war sein Tod für alle Funktionäre des Sonnblickvereins ein schwerer Schlag. Wir werden seiner stets in dankbarer Verehrung gedenken.[1])   O. Eckel

Walther Schwarzacher †

Als Univ.-Prof. Dr. W. Schwarzacher im Jahre 1950 zum ersten Vorsitzenden gewählt wurde, übernahm er die Leitung des Sonnblickvereins in einer Zeit, wo drückende finanzielle Sorgen die Arbeit des Vereinsausschusses in vieler Hinsicht erschwerten. Prof. Schwarzacher, der als Vorstand des Instituts für gerichtliche Medizin unter außerordentlich schwerer beruflicher Arbeitsbelastung stand, bewies seinen Einsatz für die Aufgaben des Vereins durch überaus gewissenhaftes Erscheinen bei den zahlreichen Ausschußsitzungen, durch eine geschickte Verhandlungsweise und die Bereitschaft, überall zu helfen, wo er nur konnte. Er betrachtete es als seine Pflicht, jedes Jahr einmal auf dem Observatorium nach dem Rechten zu sehen. Sein plötzlicher Tod entriß uns einen verdienstvollen und klugen Ratgeber und Helfer, dem wir stets ein dankbares Gedenken bewahren werden.[1])   O. Eckel

Franz Sauberer †

In jungen Jahren ein eifriger Bergsteiger, wußte Dr. Franz Sauberer, wieviel Interessantes und Unbekanntes die Höhen unserer Berge für den forschenden Meteorologen bieten. Mit einem größeren Meßprogramm war er bereits im Jahre 1937 am Sonnblickobservatorium tätig und nach dem Kriege studierte er gemeinsam mit seinen Mitarbeitern mehrere Jahre hindurch den Strahlungsumsatz der Fels- und Schneeflächen des Sonnblickgebietes. Auf seine Anregung erhielt das Observatorium anläßlich des Geophysikalischen Jahres einen Strahlungsmeßturm. Dr. Sauberer selbst nahm die Montierung und Schaltung der Meßgeräte vor, kontrollierte und verbesserte ein Jahr später noch die Meßeinrichtungen. Seiner rastlosen wissenschaftlichen Arbeit verdanken wir neue Erkenntnisse der Strahlungsverhältnisse der Ostalpen.

---

[1]) Ausführliche Würdigungen des Lebenswerkes des Verstorbenen sind a. a. O. erschienen:
Heinrich Ficker, Österr. Akad. Wiss., Almanach für das Jahr 1957, *107*, 390—402, 1958 (von F. Steinhauser).
   Arch. f. Met. Geoph. Bioklim. Ser. A, *10*, 257—264, 1958 (von F. Steinhauser).
Walther Schwarzacher, Österr. Akad. Wiss., Almanach für das Jahr 1958, *108*, 431—437, 1959 (von H. Chiari).
   Wiener klin. Wochenschrift *70*, 983—984, 1958 (von W. Holczabek).

Dr. Sauberer gehört seit 1950 dem Kuratorium des Sonnblickvereins an. Mit seiner reichen praktischen Erfahrung war er für das Observatorium und seine meßtechnischen Einrichtungen ein äußerst wertvoller Helfer. Der plötzliche Tod nahm uns einen teuren Bergkameraden, einen fleißigen, erfolgreichen Wissenschaftler und einen tätigen Freund des Sonnblickvereins.[1]

O. Eckel

Georg Ammerer †

Am 17. Mai 1958 verschied im 84. Lebensjahr das langjährige Mitglied des Sonnblickvereins Georg Ammerer in Taxenbach. Er zählte zu den ältesten Mitgliedern des Vereins und zu den größten Förderern des Sonnblickobservatoriums. Er wurde anläßlich seines 80. Geburtstages geehrt und in der Hauptversammlung des Vereins am 17. Mai 1955 einstimmig zum **Stiftenden Mitglied** ernannt.

Georg Ammerer wurde am 17. April 1875 in Zell am See als Müllerssohn geboren. Bald führte ihn sein Weg nach Taxenbach und hinein in das Rauriser Tal, dem sein langes Leben in Liebe gewidmet war. Nach dem finanziellen Zusammenbruch der Goldgrubenwerke war für das Goldene Tal, wie es damals genannt wurde, die Glanzzeit vorüber. Soweit sich die brotlos gewordenen Knappen nicht als Bergbauern seßhaft machten, zogen sie aus dem Tal, und es wurde still in dem alten Markte mit seinem Gerichtssitz und seinen stolzen Herrenhäusern.

Ammerer zog es in dieses verlassene Tal. Nicht das trügerische Gold der Gruben, sondern der silberne Glanz des Firns und der stolzen Tauerngipfel entflammte sein Herz für diese Welt. An abgebrochenen Knappenhütten vorbei, strebte sein Schritt den eisigen Höhen zu. Der Hohe Sonnblick und die nachbarlichen Goldberge kamen zu neuer Bedeutung. Er setzte sich mit aller Kraft für die Belebung des hochalpinen Touristenverkehrs im Sonnblickgebiet ein. Fünf Jahre bewirtschaftete er selbst das Zittelhaus auf dem Hohen Sonnblick, hernach elf Jahre das damals neuerbaute Niedersachsenhaus am Schareck. 1902 erwarb er den Tauernhof in Kolm-Saigurn. Nun war Ammerer der stolze Alpherr geworden, der Hüter und Förderer des Goldenen Tales, der auch in weiterer Folge seinen Besitz und sein Ansehen im Rauriser Tal erweiterte.

Der erste Weltkrieg endete für ihn in russischer Gefangenschaft in Sibirien, und erst im Dezember 1920 durfte er in seine Heimat zurückkehren. Nun ging er mit ungebrochener Kraft und rührigem Fleiß daran, das Rauriser Tal für seine Unternehmungen im Interesse des Fremdenverkehrs weiter zu erschließen. Er war tatkräftig und ideenreich und er scheute es bis ins hohe Alter nicht, seine Anträge und Vorschläge persönlich bei den höchsten Stellen des Landes vorzutragen. So war es Ammerer, der als erster den Postwagenverkehr in der Rauris einführte, und seiner Tatkraft ist auch der Ausbau der Straße nach Rauris und später bis nach Kolm-Saigurn zu danken. Der Tourist und Weekendfahrer von heute hält es für selbstverständlich, bequem und ohne Fußmarsch bis zum Talschluß in 1650 m gebracht zu werden.

Als Gastwirt, Bauer, Waldbesitzer, Fuhrwerks- und Schotterwerksbesitzer, Depotleiter der Stiegl- und Kaltenhauser-Brauerei, überall erwies sich Ammerer als der tüchtigste Gewährs- und Geschäftsmann. Wenn ihn seine Freunde auch manchmal spaßhaft

---

[1] Ausführliche Würdigungen des Lebenswerkes des Verstorbenen sind a. a. O. erschienen:
Franz Sauberer, Arch. Met. Geoph. Biokl. Ser. B, *10*, 264—267, 1960 (von F. Steinhauser). Wetter und Leben *11*, 119—120, 1959 (von O. Eckel).

ob seiner Sorglichkeit den „Jammerer" nannten, wußte doch jeder zu gut um seine helfende Hand. Sein erworbener Reichtum kam vielen Bittstellern zugute, er war nobel und vornehm, ein Edelmann im wahrsten Sinne des Wortes. So erhielt auch der Sonnblickverein vielerlei Beweise seines Wohlwollens. Die Beobachter des Observatoriums, die ja zumeist aus dem Rauriser Tale stammten, fanden mit ihren kleinen Sorgen immer bei Ammerer ein geneigtes Ohr, und wo er helfen konnte, tat er es gerne.

Der Bau der Materialseilbahn zum Sonnblickgipfel erregte sein besonderes Interesse und konnte erst begonnen werden, als Ammerer das Grundstück für den Bau der Talstation in Kolm-Saigurn kostenlos zur Verfügung stellte.

Trotz seines Reichtums und der Vielzahl seiner Besitzungen war sein größter Stolz der Tauernhof in Kolm-Saigurn. Obwohl ihm der Aufenthalt in Kolm (1650 m) in den letzten Jahren gesundheitlich nicht immer zuträglich war, inspizierte er oft sein Anwesen und war stets bedacht, den Tauernhof in guter Verwaltung und Bewirtschaftung zu wissen.

Ich hatte das Gefühl, daß er gerne mit mir plauderte, und mit Interesse ließ er sich die Neuigkeiten vom Observatorium und vom Seilbahnbau berichten. Noch 1957 hatte ich Gelegenheit, ihn um eine weitere Grundstückspende zur Aufstellung eines kleinen Lagerschuppens neben der Talstation in Kolm-Saigurn zu bitten. Ich kannte seine Eigenart und ging gerne auf seine vielen „Wenn und Aber" ein, um schließlich die erwartete Zustimmung zu erhalten.

So hat er sich zuletzt auch damit bei uns noch ein Denkmal gesetzt, und seine Spur in dieser Welt bleibt auch mit der Umbenennung des Tauernhofes in „Ammererhof" unverwischbar.

L. Binder

Bericht über die Tätigkeit des Sonnblick-Vereins in den Jahren 1957—1960

Der Beobachtungsdienst am Observatorium erfuhr anläßlich des Geophysikalischen Jahres und des Jahres der Internationalen Zusammenarbeit (Juli 1957 bis Dezember 1959) eine Erweiterung durch Aufnahme eines Strahlungsmeßprogramms. Außer den beiden Beobachtern, die Vertragsbediensteten der Zentralanstalt für Meteorologie und Geodynamik sind, konnte noch ein dritter Beobachter aufgenommen werden, der aus den Mitteln der Geophysikalischen Kommission der Österreichischen Akademie der Wissenschaften bezahlt wird. Leider hat sich der starke Beobachterwechsel auch im Berichtszeitraum fortgesetzt. Am Observatorium machten Dienst:

Josef Bernhard, vom 1. Juli 1954 bis 30. September 1956; Johann Edthofer, vom 19. September 1955 bis 30. September 1956; Johann Schiffner, vom 21. September 1956 bis 28. Februar 1957; Helmut Nagl, vom 15. Oktober 1956 bis 26. November 1958; Friedolin Thöny, vom 25. März 1957 bis 2. November 1957; Rudolf Plank, vom 3. November 1957 bis 31. Mai 1958; Anton Schober, vom 1. Juni 1958 bis 26. November 1958; Peter Bergmeister, vom 30. Dezember 1958 bis 25. April 1959.

Derzeit sind als Beobachter tätig:
Adolf Fahrnik seit 15. Dezember 1958; Hubert Eder seit 30. Juli 1959; Anton Schober seit 20. August 1959.

Der Sonnblick-Verein förderte durch Subventionierung die Gletschervermessungen, die Dr. Hanns Tollner alljährlich in den Herbstmonaten durchführte. Hiebei wurde auch das Totalisatorennetz durch Aufstellung neuer Geräte erweitert. Albedomessungen der Schnee- und Gletscheroberfläche, Temperaturmessungen im Schnee, Eis und Fels wurden durch die Dissertanten F. Stelzer und W. Mahringer angestellt. Umfangreiche Arbeiten zur Installierung des Strahlungsmeßturms wurden von Dr. Franz Sauberer und Dr. Inge Dirmhirn vorgenommen. Über die Art der seit Beginn des Geophysikalischen Jahres durchgeführten Strahlungsmessungen und Registrierungen liegt ein gesonderter Bericht vor. Dr. Inge Dirmhirn hat außerdem zahlreiche Messungen der Himmelsstrahlung im Bereich des Sonnblickgebietes durchgeführt. Dipl.-Met. F. Gruber prüfte im Bereich des Sonnblicks und im Rauriser Tal den Gehalt der Luft an natürlicher Radioaktivität. Prof. M. Diem, Karlsruhe, und Mitarbeiter machten Untersuchungen des Kondensationskerngehaltes der Atmosphäre auf dem Sonnblickgipfel.

Die Finanzierung des Materialseilbahnbaues, zu dem einerseits der „Verein zur Errichtung einer Materialseilbahn auf dem Sonnblick", andererseits das Bundesministerium für Unterricht und der Sonnblickverein namhafte Beträge beigesteuert hatten, konnte über Vermittlung des jetzigen 1. Vorsitzenden Herrn Prof. Dr. K. Oberparleiter durch Spenden des Industriellenverbandes, des Bankenverbandes und der Verbund-Gesellschaft endgültig sichergestellt werden. Sachspenden ermöglichten außerdem noch wertvolle Investitionen an der Berg- und Talstation der Seilbahn. Die Tauernkraftwerke haben wiederholt durch Hilfeleistung bei Seilarbeiten größtes Entgegenkommen bewiesen, zuletzt wieder im Sommer 1960 beim Aufziehen eines neuen Zugseiles.

Die Seilhalterung der Seilbahn wurde durch zwei hölzerne Fangstützen ergänzt. Die Fangstütze auf dem sogenannten „Köpfel" verhindert ein Schleifen des Zugseiles an einem vorspringenden Felsgrat, jene oberhalb der Hauptstütze vermindert ebenfalls den zu großen Durchhang der Seile und ein Schleifen in der Schnee- und Eisdecke. Die Köpfelstütze wurde nach einer Beschädigung nicht mehr in Holz, sondern mit Stahlträgern ausgeführt. Die untere Fangstütze und der ihr vorgelagerte Lawinenschutz erlitten im Jahre 1958 und im darauf folgenden Winter durch Lawinenabgänge schwere Schäden. Dank der Unterstützung durch das Bundesministerium für Landesverteidigung konnten diese durch den Einsatz von Pioniereinheiten des Bundesheeres wieder behoben werden. Der Lawinenschutzbau an der mittleren Fangstütze ist derzeit so hoch, daß er, wie sich im Winter 1959/60 gezeigt hat, auch großen Lawinen standhält.

Im Jahre 1960 wurde knapp unter der Einfahrt bei der Bergstation eine Hochhaltestütze errichtet. Der Motorblock für den Seilbahndieselmotor — eine neuerliche Spende der Firma Simmering-Graz-Pauker — wird ersetzt.

Wertvolle Anlagen und Verbesserungen älterer Einrichtungen konnten am Observatorium vorgenommen werden. Bereits im Sommer 1957 wurde nach den Plänen von Dozent Dr. V. Fritsch eine neue Blitzschutzanlage errichtet, die das ganze Zittelhaus sowie die Berg- und Talstation einschließlich der Mittelstütze der Seilbahn verbindet. Die Anlage wurde im Herbst 1958 fertiggestellt. (Siehe p. 56).

Alljährlich wurde die Telephonleitung Kolm-Saigurn-Gipfel stückweise repariert. Trotzdem hielt sie keinen Winter stand. Das Bundesministerium für Unterricht bewilligte daher die Anschaffung einer UKW-Sprechfunkanlage mit Wählbetrieb. Die von der Firma Brown-Boveri gelieferte Anlage wurde im Herbst 1958 montiert und bewährt sich seither ausgezeichnet. Über die technischen Einzelheiten der Einrichtungen wird an gesonderter Stelle berichtet. (Siehe p. 48.) Für die Kurzverbindung Sonnblickgipfel-Talstation Kolm dient ein Paar kleiner Sprechfunkgeräte der Firma Siemens, die sich besonders betriebssicher erwiesen haben.

Für die Licht.tanlage des Observatoriums mußten die Akkumulatorenplatten im Jahre 1959 und 1960 vollständig erneuert werden. Außerdem wurde die Schaltanlage umgebaut und an Stelle des alten Petroleummotors im Herbst 1959 ein kleiner HATZ-Dieselmotor der Firma Renauer, Gloggnitz, angekauft.

In den Räumen des Observatoriums wurden zahlreiche Reparaturen am Fußboden, Fenster, Türen und Dach vorgenommen und die beiden im Obergeschoß befindlichen Räume mit neuen Möbeln (Betten und Einbauschränken) ausgestattet.

Vereinsnachrichten

Im Berichtszeitraum 1956 bis 1959 fanden drei ordentliche Hauptversammlungen statt, und zwar am 16. Mai 1957, am 3. Juni 1958 und am 16. September 1959. Die Vereinsmitglieder wurden über die Verhandlungsgegenstände jeweils durch Protokollauszüge unterrichtet.

Durch den Tod mehrerer Vereinsfunktionäre hat der Sonnblick-Verein schwere Verluste erlitten. Am 29. April 1957 starb Ehrenpräsident Univ.-Prof. Dr., Dr. h. c. H. Ficker, am 4. Juni 1958 der 1. Vorsitzende Univ.-Prof. Dr. W. Schwarzacher und am 24. Oktober 1959 das Kuratoriumsmitglied Dr. F. Sauberer. Der Sonnblick-Verein verlor außerdem das stiftende Mitglied, Herrn G. Ammerer aus Taxenbach, der im Mai 1958 starb. Eine Würdigung der Verdienste dieser Verstorbenen erfolgt an anderer Stelle.

Die jährliche Geldgebarung im Berichtszeitraum wird mit folgenden Endzahlen ausgewiesen:

	Übertrag aus dem jeweiligen Vorjahr u. Einnahmen S	Ausgaben S
1. Jänner bis 31. Dez. 1956	110.368,47	18.643,13
1. Jänner bis 31. Dez. 1957	154.656,67	71.534,35
1. Jänner bis 31. Dez. 1958	133.597,48	42.986,75
1. Jänner bis 31. Dez. 1959	127.304,59	21.129,59
1. Jänner bis 31. Dez. 1960	158.516,50	23.730,95
Vortrag für 1961	134.785,55	

Ergebnisse der meteorologischen Beobachtungen auf dem Sonnblickgipfel (3106,5 m) aus dem Jahre 1957

	Luftdruck, mm[1]			Temperatur			Bewölkung, Zehntel	Niederschlagsmenge, mm[1]	Zahl der Tage mit					Tage			Sonnenscheindauer in Stunden	Windstärke, m/sec
	Mittel	Max.	Min.	Mittel	Absolutes Max.	Absolutes Min.			Niederschlag ≧ 0,1 mm	Schneefall	Nebel	Sturm	Heitere	Trübe	Frost-	Eis-		
Jänner	519,2	528,5	507,0	−12,3	1,0	−22,0	6,1	115	21	21	20	17	8	13	31	30	119	7,4
Februar	16,1	29,7	02,6	−11,4	−0,2	−22,0	7,2	127	16	16	13	8	1	11	28	28	64	6,5
März	20,4	26,1	14,5	−7,4	−0,4	−20,5	5,9	89	13	13	16	8	9	14	31	31	175	5,2
April	19,3	27,0	08,1	−8,6	−0,5	−20,4	7,1	196	18	18	16	10	3	15	30	30	140	6,1
Mai	19,5	26,6	09,5	−5,7	1,5	−20,0	8,0	114	15	15	25	6	6	18	31	22	137	4,3
Juni	26,1	33,6	20,6	0,6	8,0	−8,0	7,8	166	16	11	30	0	2	16	18	5	125	5,7
Juli	25,8	34,6	18,0	1,4	13,0	−5,6	7,2	143	17	16	24	8	1	15	21	9	139	4,3
August	25,3	30,9	20,9	0,2	9,1	−7,0	7,6	144	19	8	23	4	2	15	21	7	144	4,8
September	23,9	30,6	16,4	−1,6	6,7	−11,8	7,2	96	18	17	28	1	2	17	23	13	130	5,4
Oktober	24,7	29,3	13,2	−2,1	6,2	−13,4	3,4	48	5	5	10	9	14	5	29	13	241	5,2
November	20,8	27,3	13,0	−6,2	0,4	−25,6	6,3	109	9	9	18	10	6	15	30	29	136	7,4
Dezember	16,8	26,7	04,7	−11,0	−3,0	−26,0	5,1	51	11	11	14	17	9	9	31	31	137	7,3
Jahr	521,5	534,6	502,6	−5,4	13,0	−26,0	6,6	1398	178	160	243	100	57	163	224	148	1687	5,7

Ergebnisse der meteorologischen Beobachtungen auf dem Sonnblickgipfel (3106,5 m) aus dem Jahre 1958

	Mittel	Max.	Min.	Mittel	Max.	Min.	Bewölkung	Niederschlag	≧0,1mm	Schneefall	Nebel	Sturm	Heitere	Trübe	Frost-	Eis-	Sonnensch.	m/sec
Jänner	515,6	526,8	503,4	−12,3	2,4	−25,0	5,7	145	12	12	18	11	6	11	31	31	134	6,4
Februar	16,1	31,4	05,3	−10,4	−1,2	−25,6	7,9	112[3]	15	15	21	16	0	17	28	28	89	8,0
März	11,2	20,2	01,0	−15,3	−3,5	−27,8	7,3	158	15	15	22	16	1	15	31	31	137	7,6
April	16,4	26,4	10,5	−10,7	−2,6	−20,3	8,1	203	23	23	28	12	1	19	30	30	111	6,9
Mai	25,3	30,7	12,0	−0,3	7,0	−10,5	6,9	59	9	9	23	7	8	13	23	10	188	6,2
Juni	23,2	28,5	12,3	−1,3	7,0	−9,2	8,1	142	17	17	28	8	0	19	26	12	131	4,4
Juli	26,5	33,4	17,7	2,4	11,4	−5,0	7,3	158	20	16	29	5	1	14	15	2	144	4,7
August	26,6	33,8	17,7	2,6	10,8	−6,0	6,3	203	23	16	24	11	3	9	16	3	163	6,0
September	26,9	32,3	20,9	0,8	7,9	−8,0	6,1	111	11	10	22	5	6	12	19	4	190	4,4
Oktober	23,9	32,4	10,7	−4,3	4,5	−16,0	6,5	260	17	17	20	6	6	16	29	20	127	6,0
November	21,3	30,0	13,2	−6,5	0,0	−14,4	6,8	109	14	14	18	9	4	14	30	29	114	5,4
Dezember	13,9	25,0	01,4	−10,4	−1,5	−19,1	6,4	180	14	14	22	20	6	11	31	31	106	7,9
Jahr	520,6	533,8	501,0	−5,5	11,4	−27,8	7,0	1840	190	178	275	126	35	170	309	231	1634	6,2

[1]) Ohne $B_c = -0,61$ mm und $G_c = -0,21$ mm. [2]) 1957 und Jänner 1958 nur Nordombrometer. [3]) Ab Februar 1958 Mittel aus Nord- und Südombrometer.

Ergebnisse der meteorologischen Beobachtungen auf dem Sonnblickgipfel (3106,5 m) aus dem Jahre 1959

	Luftdruck, mm[1]			Temperatur			Bewölkung, Zehntel	Niederschlagsmenge, mm[2]	Zahl der Tage mit					Tage			Sonnenscheindauer in Stunden	Windstärke, m/sec
	Mittel	Max.	Min.	Mittel	Absolutes Max.	Absolutes Min.			Niederschlag ≥ 0,1 mm	Schneefall	Nebel	Sturm	Heitere	Trübe	Frost	Eis		
Jänner	514,2	525,3	503,6	−14,8	−1,8	−26,5	6,7	95	20	20	22	22	5	16	31	31	98	8,4
Februar	25,4	33,5	13,8	−9,3	0,0	−22,0	2,9	35	2	2	11	11	15	4	28	27	222	5,8
März	19,8	27,8	13,4	−8,0	−1,0	−17,0	7,2	75	11	11	25	13	2	14	31	31	118	6,5
April	17,9	25,4	06,3	−7,6	5,0	−22,0	7,1	188	14	14	25	15	3	14	30	27	179	6,9
Mai	21,6	25,9	15,5	−3,8	3,6	−12,0	7,9	119	12	12	28	4	0	16	31	21	162	4,4
Juni	25,5	29,6	15,9	−1,0	6,7	−9,5	8,2	282	19	13	28	7	0	19	24	11	147	4,8
Juli	27,3	32,2	21,3	2,4	10,6	−5,6	7,7	140	20	6	27	5	3	21	13	3	153	5,6
August	26,4	34,1	21,4	0,5	7,3	−8,7	7,3	152	16	14	30	1	3	18	20	8	142	4,5
September	26,6	30,2	22,5	−0,3	7,0	−6,9	4,4	18	7	6	18	1	11	6	19	8	256	5,0
Oktober	23,3	32,2	03,7	−3,6	5,0	−14,5	4,6	90	7	7	17	12	9	7	29	18	187	5,9
November	18,9	27,8	09,4	−8,3	0,0	−16,5	6,3	65	12	12	19	12	7	16	30	28	105	7,9
Dezember	14,2	24,0	06,5	−10,9	−5,2	−17,3	7,1	191	15	15	27	17	4	13	31	31	72	7,7
Jahr	521,8	534,1	503,6	−5,4	10,6	−26,5	6,5	1450	155	132	277	120	62	164	317	244	1841	6,1

Ergebnisse der meteorologischen Beobachtungen auf dem Sonnblickgipfel (3106,5 m) aus dem Jahre 1960

	Luftdruck, mm[1]			Temperatur			Bewölkung, Zehntel	Niederschlagsmenge, mm[2]	Zahl der Tage mit					Tage			Sonnenscheindauer in Stunden	Windstärke, m/sec
	Mittel	Max.	Min.	Mittel	Absolutes Max.	Absolutes Min.			Niederschlag ≥ 0,1 mm	Schneefall	Nebel	Sturm	Heitere	Trübe	Frost	Eis		
Jänner	515,2	524,7	500,3	−13,9	−3,0	−31,0	7,0	135	16	16	23	17	3	14	31	31	73	7,4
Februar	14,9	27,9	05,2	−11,7	2,1	−26,3	7,3	125	14	14	25	9	1	15	29	28	88	6,6
März	15,7	22,3	10,1	−10,4	0,8	−17,7	7,9	186	12	12	28	11	1	18	31	30	93	6,6
April	18,9	26,4	12,6	−9,2	−0,9	−19,0	8,5	290	23	23	27	1	1	22	30	30	107	4,7
Mai	23,1	27,5	13,7	−4,1	4,0	−18,5	8,2	107	12	12	29	5	0	17	31	20	156	5,5
Juni	26,0	31,7	17,7	−0,4	6,5	−10,0	8,3	160	19	14	28	2	0	20	23	4	129	5,3
Juli	24,6	29,6	19,3	−0,3	7,7	−10,0	8,2	171	18	17	31	5	0	15	23	6	124	4,8
August	25,0	33,2	17,1	1,1	11,2	−5,4	7,3	144	20	15	27	8	1	14	23	2	146	4,8
September	23,4	29,1	15,9	−2,5	5,0	−8,6	7,1	154	17	16	28	6	4	16	28	15	141	4,6
Oktober	18,2	26,6	12,7	−5,5	4,1	−14,6	8,1	172	18	18	29	14	0	18	31	28	72	6,5
November	18,2	26,9	11,3	−8,4	−1,3	−17,2	6,9	135	13	13	23	9	1	9	30	30	90	5,7
Dezember	14,3	26,3	07,5	−10,4	−3,0	−19,0	6,9	103	14	14	23	12	3	16	31	31	87	5,4
Jahr	519,8	532,2	500,3	−6,3	11,2	−31,0	7,6	1882	196	184	321	99	15	194	341	255	1306	5,7

[1]) Ohne $B_c = −0,61$ mm und $G_c = −0,21$ mm. [2]) Mittel aus Nord- und Südombrometer.

KAUFT HEIMISCHE WARE!

Punkt-Acral die unter Zugrundelegung der neuesten Forschungen berechneten punktuell abbildenden Brillengläser, auch im Hochvakuum vergütet als

Plur-Acral mit 10% Absorption

Sol-Acral mit 25%, 50%, 75% Absorption (Ausschaltung der dem Auge schädlichen infraroten und ultravioletten Strahlen)

Habicht PRISMEN-FELDSTECHER m. reflexionsminderndem Doppelschichtbelag „Transmax" (Blaubelag)

6 × 30 und 8 × 30 für Sport und Reise!
7 × 42 und 10 × 40 für den anspruchsvollen Jäger!

Acron THEATERGLÄSER 2½-fach

TIROLER SPITZENERZEUGNISSE DER FA. SWAROVSKI-OPTIK K.G.
ABSAM BEI SOLBAD HALL

Erhältlich in jedem einschlägigen Fachgeschäft!

Eis und Schnee
Sonne und Regen
Wind und Wetter

allen Naturgewalten müssen die alpinen Bauten widerstehen

Deshalb für alle Holzteile nur die

XYLAMON-PRÄPARATE

denn

XYLAMON HÄLT HOLZ GESUND!

Alle technischen Aufschlüsse und Bezugsquellennachweise bei den

EBENSEER SOLVAY-WERKEN

Wien I, Schenkenstraße 8   Telephon 63 66 26

ROST frißt EISEN

bester Rostschutz
BLEIWEISS auf BLEIMINIUM

WIEN

Mikroskope
Mikrotome
Nebenapparate

 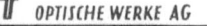

C.REICHERT OPTISCHE WERKE AG
WIEN XVII, HERNALSER HAUPTSTRASSE 219

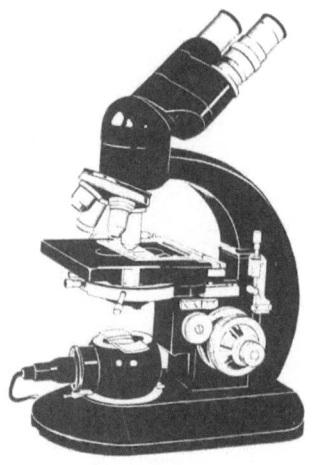

Planung und Ausführung von

Klima- und lufttechnischen Anlagen

durch das Spezialunternehmen

Inges-Klimatechnik
Dipl. Ing. PAUL GESSER
Wien XI, Grillgasse 18
Telefon 73 53 03/04, 73 36 82
Telegrammadresse: INGESKLIMA WIEN — Fernschreiber: 01/2811

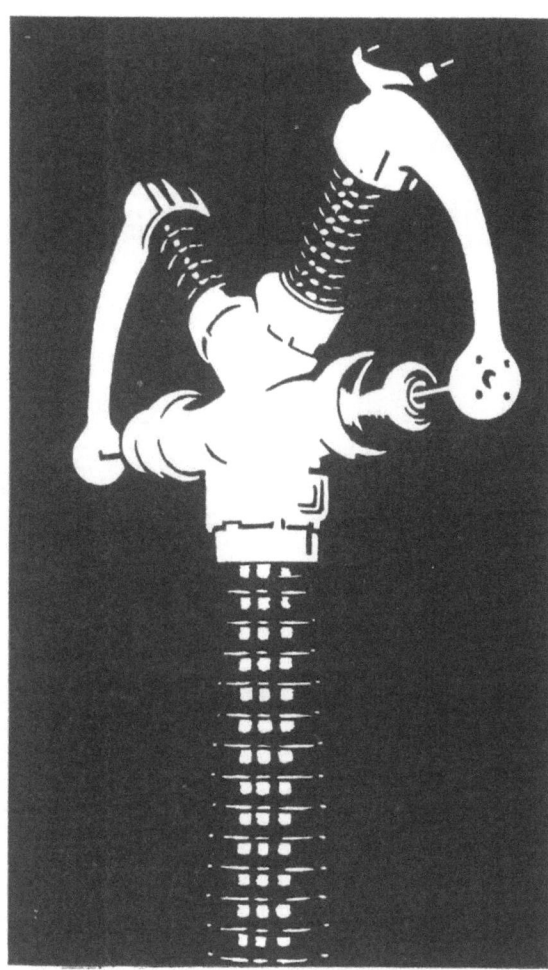

AEG

Bewährt in aller Welt

Elektrizitätserzeugung
Elektrizitätsverteilung
Elektrizitätsumwandlung
Elektrische Ausrüstungen
für den Bahnbetrieb
auf Schiene und Straße
Elektrische Ausrüstung
von Schiffen und Flughäfen
Elektrische Ausrüstung
von Industrieanlagen
Elektronik
Messen – Steuern – Regeln
Elektrische Hausgeräte

 **Austria**

Ges. m. b. H., WIEN I, Schellinggasse 4
Dornbirn   Graz   Innsbruck   Klagenfurt   Linz   Salzburg

Beschaffung von

MASCHINEN

NOTSTROMAGGREGATEN

u. s. w.

aus Liquidierungen,
Konkursen etc.
durch

MASCHINEN-AGENTUR

IV, Prinz Eugenstraße 2
Tel.: 65 11 01 (vorm.)

DIE

Darling-Familie!

Damen - Darling, Sport - Darling
Herren - Darling, Auto - Darling

DIE
ÖSTERREICHISCHEN QUALITÄTS-
TASCHENSCHIRME

Silent-Gliss

Die erste geräuschlose Zug- und
Wurfkarniese, eine Freude für das Auge!
Eine Wohltat fürs Ohr!

WIEN I, WERDERTORGASSE 14
Gegründet 1870   Tel. 63 37 01/3

Wienerberger
Ziegelfabriks- und Baugesellschaft
Wien I, Karlsplatz 1

10 Werke in Wien, N.-Ö., O.-Ö. und in der Steiermark

Alles für den Bau
Ziegel- u. Tonwaren aller Art

Rofan-Seilbahn

Mit **Simmering-Graz-Pauker-Seilbahnen** in die Wunderwelt der Berge

SIMMERING - GRAZ - PAUKER A.G.
Zentralverwaltung: WIEN VII, Mariahilferstraße 32
Fernruf: 45 76 61   Fernschreiber Nr.: 01 27 67

Die Zuckerfabriken Österreichs

Ennser Zuckerfabriks A. G. Wien I, Heßgasse 6	Fabrik: Enns, Oberösterreich
Hohenauer Zuckerfabrik der Brüder Strakosch Wien III, Am Heumarkt 13	Fabrik: Hohenau a. d. March Niederösterreich
Leipnik-Lundenburger Zuckerfabriken Actiengesellschaft Wien I, Börsegasse 9	Fabrik: Dürnkrut, NÖ. und Leopoldsdorf a. d. March Niederösterreich
Österreichische Zuckerindustrie Aktiengesellschaft Wien IV, Theresianumgasse 23	Fabrik: Bruck a. d. Leitha Niederösterreich
Siegendorfer Zuckerfabrik Conrad Patzenhofer's Söhne Siegendorf, Burgenland	Fabrik: Siegendorf Burgenland
Tullner Zuckerfabrik A. G. Wien I, Schauflergasse 6	Fabrik: Tulln, Niederösterreich

IMPORT • EXPORT • GROSSHANDEL
LANDMASCHINEN

Getreide, Futtermittel, Samen, Sämereien Hülsenfrüchte und Ölfrüchte, Mahlprodukte, Düngemittel

Prochaska & Cie.
Gesellschaft m. b. H.

LINZ   WIEN   GRAZ

WIEN I, GRABEN 14

52 25 56   Telex.: Proimport 1943/44

ÖSTERREICHISCHE TABAKREGIE

KUGELLAGERGESELLSCHAFT M.B.H.
WIEN III, MOHSGASSE 1

GRAZ, KEPLERSTRASSE 43
LINZ A.D. DONAU, MAGAZINGASSE 7
SALZBURG, GSTÄTTENGASSE 7

IN ALLER WELT — FÜR JEDEN FALL

MIKROPHONE
AKUSTISCHE U. KINO-GERÄTE GES.M.B.H.
WIEN XV, NOBILEGASSE 50

ALLEINVERTRIEB FÜR ÖSTERREICH:

SIEMENS UND HALSKE GES. M. B. H.
WIENER SCHWACHSTROMWERKE. WIEN III

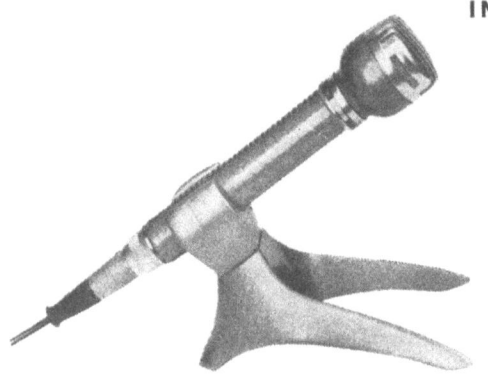

„D 19 Dynamisches Breitband — Cardioidmikrophon"

INGLOMARK
INDUSTRIE-BELIEFERUNGS-GESELLSCHAFT
MARKOWITSCH & CO
WIEN XV, MARIAHILFER STRASSE 133
TEL.: 54 31 22 / 54 31 23 FERNSCHR.: WIEN 1393

GENERALREPRÄSENTANZ DER FIRMEN

R. FUESS
BERLIN

HARTMANN & BRAUN
FRANKFURT / MAIN

HILGER & WATTS
LONDON

TEMPERATUR   FEUCHTIGKEIT   BAROMETRISCHER DRUCK   NIEDERSCHLAG   VERDUNSTUNG   STRAHLUNG   WIND

ANZEIGENDE UND SCHREIBENDE GERÄTE
WISSENSCHAFTLICHE UND METEOROLOGISCHE INSTRUMENTE

Für die Fertigstellung dieses Jahresberichtes haben folgende Firmen in dankenswerter Weise Druckkostenbeiträge geleistet:

Aktiengesellschaft für chemische Industrie
Assicurazioni Generali
Autokreditstelle der Stadt Wien
BP Benzin und Petroleum AG
Büll & Strunz
Caro-Werk Gesellschaft m. b H.
Deutsche Gold- und Silber-Scheideanstalt
Dorotheum Wien
DUMAG Handelgesellschaft, Dr. L. Kalwza & Co, Dipl.-Ing. H. Durst
ELIN AG
Erzhütte Akt. Ges.
ESCO, Fa. Judex
Eternit-Werke AG, Ludwig Hatschek
Europäische Reisegepäckversicherungs- Akt.- Ges.
Gegenseitiger Versicherungs-Verein
„Gewista", Gemeinde Wien

Gibian und Joham, Kommanditgesellschaft
„Hellas", Jirges & Co.
F. M. Hämmerle
Ideal-Standard
Internat. Getreide und Waren-Handel AG
Kammer der gewerblichen Wirtschaft
Bernhard Kandl
Ferd. Konwallin
Langbein-Pfannhauser-Werke AG
Maschinenfabrik Heid AG
Dr. Robert Metzger
Mobil Oil Austria AG
Natron-Papier-Industrie AG
„Oberglas", Adolf Körbitz, O.H.G.
ODOL-Werke Gesellschaft m.b.H.
Österreichische Nationalbank
Österreichische Tabakwerke AG

Plank & Dittrich
Polkarbon, Österr. Kohlenhandelsgesellschaft AG
Scandinavian Airlines System
Schaffler & Co.
Gertrud Schiller
SELL AUSTRIA Aktiengesellschaft
Simmering-Graz-Pauker AG
„Sphinx", Autokarosseriefabrik, J. Schöberl & Co.
Springer-Verlag
F. M. Tarbuk & Co.
Vedepha Ges. m. b H.
Veitscher Magnesitwerke AG
Verband der Zuckerindustrie
Vereinigte Wiener Metallwerke AG
„WAG", Warenverkehrs- und Autokredit Gesellschaft m. b. H.
Wertheim-Werke AG

SPRINGER-VERLAG IN WIEN

Bisher erschienen:

48. Jahresbericht des Sonnblickvereines für das Jahr 1950
Geleitet von
Prof. Dr. Ferdinand Steinhauser
Wien

Mit einer ganzseitigen Bildtafel und 8 Abbildungen im Text. 38 Seiten, 4°, 1952
Steif geheftet S 20.—, DM 4.—, sfr. 4.10, $ —.95

49.—50. Jahresbericht des Sonnblickvereines für die Jahre 1951—1952
Geleitet von
Prof. Dr. Ferdinand Steinhauser
Wien

Mit einer ganzseitigen Bildtafel und 21 Abbildungen im Text. 68 Seiten, 4°, 1954
Steif geheftet S 48.—, DM 8.—, sfr. 8.20, $ 1.90

51.—53. Jahresbericht des Sonnblickvereines für die Jahre 1953—1955
Geleitet von
Prof. Dr. Ferdinand Steinhauser
Wien

Mit einer ganzseitigen Bildtafel, 6 Abbildungen im Text und 8 Tabellen im Anhang. 75 Seiten. 4°. 1957
Steif geheftet S 72.—, DM 12.—, sfr. 12.30, $ 2.85

Archiv für Meteorologie, Geophysik und Bioklimatologie

Herausgegeben von

Dozent Dr. **W. Mörikofer**
Physikalisch-meteorologisches Observatorium,
Davos

Prof. Dr. **F. Steinhauser**
Zentralanstalt für Meteorologie und Geodynamik,
Wien

Serie A

Meteorologie und Geophysik

Serie B

Allgemeine und biologische Klimatologie

Die beiden Serien erscheinen zwanglos in einzeln berechneten Heften wechselnden Umfanges, die zu Bänden von 400—500 Seiten vereinigt werden, und können unabhängig voneinander bezogen werden. Veröffentlichungen in Deutsch, Englisch, Französisch.

1961: Maximal 1 Band, Maximalpreis S 840.—, DM 140.—, sfr. 143.—, $ 33.—

Zu beziehen durch Ihre Buchhandlung

If you have any concerns about our products,
you can contact us on
ProductSafety@springernature.com

In case Publisher is established outside the EU,
the EU authorized representative is:
**Springer Nature Customer Service Center GmbH
Europaplatz 3, 69115 Heidelberg, Germany**

Printed by Libri Plureos GmbH
in Hamburg, Germany